国家自然科学基金项目(51804212)资助
山西省高等学校科技创新计划项目(2020L0129)资助
山西省基础研究计划项目(20220302121160)资助
山西省高等学校青年科研人员培育计划项目资助

钻孔水射流冲击破煤岩特性及增透作用机制研究

高亚斌　著

U0337585

中国矿业大学出版社

·徐州·

内 容 提 要

本书以钻孔水射流增透技术在矿井瓦斯抽采中的应用为工程背景,以我国华北聚煤区内的高突煤层为研究对象,采用理论分析、数值模拟、实验研究、现场测试等方法,围绕钻孔环境下水射流的冲击破煤岩特性与卸压增透作用机制展开研究。全书包含绪论、高突煤层特征参数及对水射流的冲击响应、水射流的结构与流场特征、钻孔内水射流的流动特性、钻孔内水射流的破煤岩特性、钻孔内水射流的冲击损伤特性、钻孔水射流协同增透作用机制和钻孔水射流现场应用共8章。

本书可供安全科学与工程、采矿工程等相关领域的科研人员使用,也可供高等院校相关专业的师生参考使用。

图书在版编目(C I P)数据

钻孔水射流冲击破煤岩特性及增透作用机制研究 /
高亚斌著.—徐州:中国矿业大学出版社,2023.6
ISBN 978 - 7 - 5646 - 5847 - 2

Ⅰ.①钻… Ⅱ.①高… Ⅲ.①煤岩—水射流破碎—研
究 Ⅳ.①TD231.6

中国国家版本馆 CIP 数据核字(2023)第 101493 号

书　　名	钻孔水射流冲击破煤岩特性及增透作用机制研究
著　　者	高亚斌
责任编辑	李　敬
出版发行	中国矿业大学出版社有限责任公司
	(江苏省徐州市解放南路　邮编221008)
营销热线	(0516)83885370　83884103
出版服务	(0516)83995789　83884920
网　　址	http://www.cumtp.com　E-mail:cumtpvip@cumtp.com
印　　刷	徐州中矿大印发科技有限公司
开　　本	787 mm×1092 mm　1/16　**印张** 13.25　**字数** 259 千字
版次印次	2023 年 6 月第 1 版　2023 年 6 月第 1 次印刷
定　　价	56.00 元

(图书出现印装质量问题,本社负责调换)

前　言

　　煤矿瓦斯是煤炭形成过程中的伴生物,也是煤矿安全生产的主要致灾源。我国煤矿中高瓦斯突出矿井占比达四成以上,每年由于煤矿生产而排放的瓦斯超过 200 亿 m³。同时煤矿瓦斯也是一种非常规天然气,对其开发利用属于国家"清洁、低碳、安全、高效"现代能源体系的重要组成部分。开发利用瓦斯资源,强化瓦斯抽采,对于消除煤矿瓦斯灾害、保障煤矿安全生产、实现瓦斯资源化利用都具有极其重要的意义。

　　通过钻孔抽采瓦斯是目前防治煤矿瓦斯灾害和开发煤层瓦斯的根本性方法,但我国多数煤层的微孔隙、低渗透、高吸附特征使得瓦斯难以抽出,造成瓦斯灾害难以消除,煤层气资源利用效率低。钻孔水射流增透技术是当前改造煤储层、促进瓦斯抽采的重要手段之一。然而,我国煤层沉积环境复杂,不同煤层的地质条件和结构特性差异较大,造成现有的水射流增透理论、技术与装备在工程应用中出现不配套、不完善等问题,限制了该技术的推广应用与智能化升级。

　　本书作者长期从事煤矿瓦斯灾害防治理论与技术的科研工作,在钻孔水射流破煤岩理论与增透技术等方面取得了一定的进展。为总结提炼该领域的研究成果,作者以钻孔水射流增透技术为背景,系统地提炼了近年来取得的创新成果,阐述了水射流在钻孔内的冲击破煤岩特性及增透作用机制,完成了本书的撰写。

　　全书共 8 章。第 1 章绪论,主要概述我国煤矿瓦斯灾害防治概况和煤矿水射流技术研究现状;第 2 章高突煤层特征参数及对水射流的冲击响应,主要探索华北聚煤区内低透气性煤层的特征参数及其对水射流的冲击响应规律,阐明水射流对煤体结构的细观影响;第 3 章水射流的结构与流场特征,主要阐述圆形喷嘴水射流流场及形态结构特征;第 4 章钻孔内水射流的流动特性,主要阐述钻孔内水射流的流体特征及其在钻孔表面的流速和压力分布,揭示水射流冲击平面和冲击钻孔表面的异同,明确出口压力和淹没状态对钻孔内水射流的影响;第 5 章钻孔内水射流的破煤岩特性,主要阐述水压和靶距对钻孔水射流破煤岩的影响,揭示水射流破煤岩的时效特性和热效应,阐明钻孔内水射流的破煤岩机制;第 6 章钻孔内水射流的冲击损伤特性,主要阐述钻孔水射流冲击损伤的各类影响因素,阐明水射流对钻孔损伤的宏观影响;第 7 章钻孔水射流协同增透作用机制,主要提出钻孔径向增透理论,阐述水射流作用前后钻孔煤体的裂隙演化与径向卸压规律,阐明水射流对钻孔抽采的增透影响;第 8 章钻孔水射流现场应用,主要阐述钻孔水射流增透技术的应用效果。

本书是作者团队长期潜心研究、集体智慧的结晶。研究生向鑫、郭晓亚、韩培壮、郑豪、任杰、曹敬、张少奇在书稿写作过程中开展了大量的工作,为完成本书付出了艰辛的劳动。同时本书研究工作还得到了国家自然科学基金项目(51804212)、山西省高等学校科技创新计划项目(2020L0129)、山西省基础研究计划项目(202203021211160)、山西省高等学校青年科研人员培育计划项目及相关企业的大力支持。在研究期间,作者得到了导师林柏泉教授和团队各位老师的指导和帮助,借此机会表示衷心的感谢。

限于作者水平,书中难免存在不妥之处,敬请读者不吝指正。

作 者

2022 年 7 月

于太原理工大学

目　　录

第 1 章 绪 论

　　煤炭作为我国最主要的能源,在一次能源生产和消费结构中始终占主体地位。煤矿瓦斯是煤炭形成过程中的伴生物,也是煤矿安全生产的主要致灾源。我国煤矿中高瓦斯突出矿井占比达四成以上,每年由于煤矿生产而排放的瓦斯超过 200 亿 m^3。同时煤矿瓦斯也是一种非常规天然气,对其开发利用属于国家"清洁、低碳、安全、高效"现代能源体系的重要组成部分。开发利用瓦斯资源,强化瓦斯抽采,对于消除煤矿瓦斯灾害、保障煤矿安全生产、实现瓦斯资源化利用都具有极其重要的意义。

1.1　我国煤矿瓦斯灾害防治概况

　　我国的煤炭开采主要以井工作业为主,与采煤伴生的煤矿灾害一直是制约煤矿安全生产的一大难题。随着我国对煤矿安全的日益重视,煤矿灾难发生的次数与严重度得到了很大的改善,煤矿事故起数、死亡人数及百万吨死亡率下降明显,如图 1-1 所示。但随着煤炭开采深度的不断增加,各类灾害事故的威胁程度在不断增大。尤其是深部煤体的瓦斯压力、含量均较高,导致瓦斯灾害的发生频率和强度不断加大。据统计,2001—2021 年全国煤矿瓦斯事故的死亡事故起数和死亡人数分别占煤矿死亡事故总起数和死亡总人数的 13.2% 和 32.4%,平均每起事故死亡 4.25 人。瓦斯灾害已成为我国煤矿开采过程中最严重的灾害,严重地制约了煤炭工业的安全发展。

　　然而,煤层瓦斯在具有灾害属性的同时又具有资源属性,它是一种经济的可燃气体,是高热、清洁的非常规天然气资源。煤层瓦斯热值(纯瓦斯的热值大于 33 MJ/m^3)与常规天然气相当,是通用煤气的 2～5 倍,且燃烧后很少产生污染物,属优质洁净气体能源[1-4]。另外,瓦斯作为一种与煤伴生的气体,在我国的蕴含量巨大。据 2009 年全国煤层气资源评价结果:我国埋深 2 000 m 以浅的煤层气资源总量为 36.81 万亿 m^3,超过了常规天然气资源总量 1.81 万亿 m^3,在世界煤层气资源中位居第三[5]。因此,开发利用煤层瓦斯资源,强化瓦斯抽采,对于减少瓦斯灾害,实现瓦斯的资源化利用,都具有重大的经济效益和社会效益。

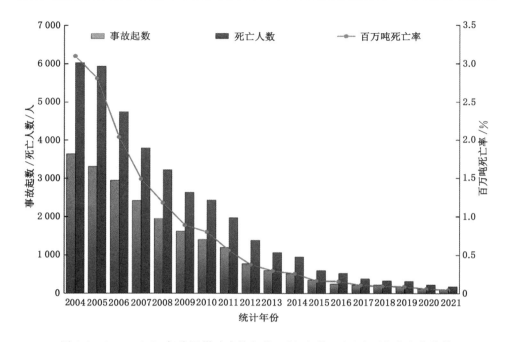

图 1-1　2004—2021 年我国煤矿事故起数、死亡人数、百万吨死亡率变化趋势

煤层瓦斯的赋存特征由构造条件、水文条件、煤层埋深、煤储层压力、煤层厚度等多种地质因素控制,使得瓦斯分布极为复杂,加之受生产力发展水平不均衡等因素的影响,煤炭工业的现代化水平还不高,煤矿瓦斯防治基础相对薄弱,瓦斯防治工作任重而道远[1]。瓦斯抽采是目前防治煤矿瓦斯灾害的根本性方法[6]。国家主管部门确定了"先抽后采、监测监控、以风定产"的煤矿瓦斯治理方针[7],《防治煤与瓦斯突出细则》[8]、《煤矿瓦斯抽采基本指标》[9]也对瓦斯抽采提出了明确的要求。但是,我国多数煤层具有微孔隙、低渗透率、高吸附的特征,煤层瓦斯难以抽出,严重影响了瓦斯的抽采利用和矿井的安全生产[10]。

为此,对煤层进行卸压增透成为保证瓦斯高效抽采的关键。目前,我国煤矿井下采用的卸压增透措施主要分为两大类:一类是以保护层开采为主的层间卸压增透措施,能够大幅改善煤层的渗透性,提高瓦斯抽采率,技术基本趋于成熟[11-13];另一类是以钻孔卸压增透技术为主的层内卸压增透措施,针对广泛分布的单一煤层或首采层(不具备保护层开采条件),通过钻孔对煤储层进行改造,降低煤层有效应力,增加新生裂隙并使其扩展贯通,进而增加煤层渗透率,提高瓦斯抽采效果[14-16]。

由于水射流在冲击破碎煤岩体的过程中具有高效、无尘和低热的特性,近年来在我国层内卸压增透措施中得到广泛应用,如水射流割缝技术[17-18]、水力掏槽技术[19-20]、水力冲孔技术[21-22]等。这些水力化措施的优势在于:① 水射流冲击促进煤层内的裂隙扩展,有助于形成新的瓦斯流动通道[23-25];② 水力化措施改变了钻孔周围煤体的应力分布,降低了煤体的弹性能[26-28];③ 水分影响煤体瓦斯的吸附解吸特性,对煤体瓦斯起到置换、驱替作用,促进了煤层瓦斯的抽采[29-31];④ 水分可以起到煤层降尘、降温和防灭火的作用[32-34]。

然而,我国煤层沉积环境复杂,不同煤层的地质条件和结构特性差异较大,每种技术拥有其优势的同时难免存在局限性。尤其在松软的高突煤层中,由于煤体强度小、易变形,水射流形成的缝槽、裂隙往往只能维持较短的时间,煤层卸压增透效果难以保障。因此,亟须对水射流的冲击破煤特性和卸压增透机制进行研究,为探索更具适用性的水力化方法提供理论支撑,为高突煤层的高效瓦斯抽采提供可靠保障。

1.2 煤矿水射流增透技术研究进展

为了提高我国低透气性煤层的渗透率,同时防止瓦斯灾害的发生,国内科研人员在借鉴石油行业和国外其他领域相关技术的基础上,将水射流引入煤层卸压增透技术中,作为改造煤储层结构和力学特性的一种重要方法[15]。随着多年来研究工作的深入开展,很多学者达成了一定的共识,即水射流卸压增透技术是提高煤层渗透率的有效途径。以中国矿业大学、重庆大学、河南理工大学、太原理工大学和中国煤炭科工集团等为代表的多家研究机构在水射流卸压增透技术方面进行了广泛的研究,提出了水射流割缝技术、水力掏槽技术、水力冲孔技术等多种技术方法,并在国内多个矿井开展了现场试验和应用。

1.2.1 水力割缝技术

水力割缝技术是利用水射流切割破碎煤体,并在煤层内部形成一条或多条缝槽状卸压空间的方法。辽宁省煤炭研究所于 1969 年在鹤壁矿务局六矿进行了水射流割缝试验,取得了钻孔瓦斯抽出量提高 1~3 倍,钻孔卸压范围显著增加的效果[35],并在其后几年开展了防治突出及增加抽采率的试验,为水射流割缝技术的探索做出了重要贡献[36-38]。21 世纪初,随着水射流装备、技术及工艺的不断研发,水力割缝技术进入快速发展阶段,磨料射流、空化射流、脉冲射流、旋转射流等高效的切割方式被引入,进一步提高了卸压增透效果。同时,水力割缝卸压增透技术的作用机理研究也取得了较大进展。

中国矿业大学林柏泉等[28,39-40]根据煤体应力卸载与渗透率的本构关系,建立了缝槽煤体卸压应力演化模型,采用数值模拟方法研究了缝槽周围应力场、位移场的分布和演化规律,分析了缝槽数量、尺寸和开度等对卸压的影响;武汉大学李晓红、重庆大学卢义玉等[41-43]基于岩石动态损伤模型,采用理论分析和数值模拟研究了高压脉冲水射流的动态损伤特性及煤体裂隙场的变化规律,得出了脉冲作用可以有效破碎煤体,增大煤体裂隙率和裂隙连通率,提高煤层渗透率的结论;河南理工大学陆庭侃等[44-45]通过大量数值计算和现场试验,得出水射流割缝技术可以增加煤层次生裂隙、降低煤体应力水平、释放煤层内部能量的结论,同时证实了水力割缝可以有效改善瓦斯流动状态、提高煤层渗透率和消除突出危险性;太原理工大学赵阳升等[46-48]提出三维地层压力是导致煤层渗透性降低的主要因素,建立了单一裂缝岩体在三维应力作用下的物理模型和严密的关系方程,推导了渗透系数的计算公式,认为裂缝侧向变形对其裂缝渗流有重要的影响,割缝可以在使煤层卸压的同时产生大量裂缝,能够大幅度提高煤层瓦斯抽采效果。

1.2.2 水力掏槽技术

水力掏槽技术是高压水通过水枪产生高流量的稳定射流破碎前方煤体,并在煤体内形成槽硐的卸压方法。槽硐周围的煤体充分卸压,并将应力集中转移到煤层深部,有效降低了突出的危险性。河南理工大学刘明举等[49]在突出危险性十分严重的焦作矿区进行了水力掏槽试验,大幅度提高了煤巷掘进的速度,取得了很好的防突效果,基于现场试验,得出水力掏槽可以消除突出发生的原动力、改变煤体物理力学性质、提高突出发生门槛的消突机理。焦作煤业集团李学臣等[50]和白新华[51]通过理论研究和工业试验,确定了水力掏槽新掘进防突措施,并提出了适合焦作矿区的防突措施参数,研究结果表明,水力掏槽措施卸压范围广、防突效果显著,具有广泛的适应性、有效性和安全性等特征。华北理工大学张嘉勇[52]、郭中海[53]通过对煤与瓦斯突出的影响因素、煤与瓦斯突出机理和目前防治突出措施的综合分析,提出了高压小射流掏槽防突机理,研制了高压小射流掏槽设备,运用 ANSYS 有限元分析软件,综合分析不同巷道掏槽后的围岩应力和煤体位移变化情况,确定了水射流掏槽的合理位置,并通过现场测试进行了验证。黑龙江科技大学刘锡明等[54-55]利用数值模拟方法对槽硐周围煤体的应力、应变进行了研究,结果表明,槽硐周围煤体在应力重组作用下,径向、轴向应力集中带均向深部移动,距离槽硐中心径向距离越大,煤岩位移量、应变和应力变化越小。河南理工大学白新华等[51,56]采用数值模拟方法对水力掏槽后的煤体破坏变形过程进行了分析,应用层次分析法实现了定性与定量的转化,计算了影响因素的权重,确定了煤(岩)强度与水射流初始压力为影响水力掏槽效率的重要敏感因素。

1.2.3　水力冲孔技术

水力冲孔是以保护岩柱或煤柱作为安全屏障,利用高压水射流对有自喷能力的突出煤层钻孔进行冲击,破坏钻孔周围煤体,诱导和控制喷孔,从而形成卸压孔洞的方法[57]。由于地应力的作用,孔洞周围的煤体在应力重新分布过程中不断运移并产生裂隙,有效降低煤层应力,提高煤层透气性,降低煤层突出潜能。国外从 20 世纪 60 年代开始将水力冲孔技术应用于煤炭领域,匈牙利、保加利亚、比利时、法国、苏联等分别根据自己的煤层特性采用水力冲孔揭开煤层[1]。国内水力冲孔技术最先由重庆煤炭科学研究院与南桐矿务局合作试验,并于 1965 年在南桐鱼田堡矿首次试验成功[58],之后在梅田、涟邵、六枝、北票、焦作等矿区应用。近年来,水力冲孔技术得到了进一步的发展。

河南理工大学王兆丰等[21]基于水力冲孔技术在罗卜安煤矿的现场应用,研究了水力冲孔在松软低透突出煤层区域抽放消突措施中的应用效果,结果表明,单孔冲出煤体 7 t,冲出瓦斯 558.3 m³,钻孔抽放有效影响半径提高 2～3 倍,单孔瓦斯预抽浓度提高 4～5 倍,抽放衰减周期提高 3 倍以上。中国矿业大学(北京)王凯等[59]采用 RFPA²D-Flow 软件模拟分析了水力冲孔钻孔周围煤体应力及透气性变化规律,并基于煤层实际赋存条件,采用压力法和含量法对水力冲孔的卸压范围进行了现场试验考察,研究结果表明,靠近孔洞的区域应力和瓦斯压力下降幅度较大,煤层的透气性系数较高。安徽理工大学王新新等[60]研究了水力冲孔之后煤层中的瓦斯分布规律,认为在冲孔的卸压增透区域会经历应力升高、裂隙发育、应力快速释放和恢复平衡 4 个过程,并将孔洞周围由近及远依次划分为瓦斯充分排放区、瓦斯排放区、瓦斯压力过渡区和原始瓦斯压力区。河南理工大学刘明举等[22,61]对水力冲孔技术的防突机理、工艺流程进行了研究,并在九里山矿进行了现场应用,结果表明该技术起到了很好的综合防突作用,煤巷掘进速度提高 2～3 倍。淮南矿业集团白国基等[62]通过考察水力冲孔过程中的冲孔水压、水流量、每米煤孔冲出煤量以及冲孔前后煤巷掘进期间效检超标率等参数,深入分析了水力冲孔防突技术措施的消突效果及其影响因素,提出冲孔水压在 10～13 MPa 较为合理。义马煤业集团有限责任公司张保法等[63]提出了射流压力与瓦斯压力的同向作用和反向作用,合理选取了有效冲孔钻具,优化了钻孔布置方式,采用先下后上二次冲孔工艺实现了在透气性较差煤层的快速消突。

历经 60 余年的研究,我国水射流增透技术由初期的试验阶段、尝试应用阶段逐渐进入了高速发展阶段,单项技术不断完善,综合技术快速发展[15]。但是,由于煤层瓦斯赋存的地质条件十分复杂,国内现有的钻孔水射流增透技术还存在诸多问题,主要集中在以下几个方面:① 增透机理的研究滞后于实际应用;

② 单项技术的适用范围具有局限性;③ 增透钻孔的有效影响范围确定困难;
④ 水射流增透的技术工艺仍需完善。

1.3 水射流冲击破岩特性及增透机制研究进展

水射流技术是以水或者其他液体为工作介质,经增压设备加压后通过特定形状的喷嘴,最后以较高的速度喷出一股能量高度集中的水流束[64]。该技术始于 19 世纪中叶,北美洲将其用于开采非固结的矿床。随着时代的不断进步,水射流技术已经被广泛应用于水力清洗、切割、采矿等各行各业。在实际工程应用中,人们往往希望最有效地利用水射流的冲击作用,因而需要确定水射流的冲击特性及破岩机制[65]。

1.3.1 水射流冲击特性

水射流的冲击特性是水射流破岩理论研究的一个重要方面,其关键内容是确定水射流的冲击动载荷及靶体的动态响应特征[65]。由于受到研究手段的限制,国内外与水射流冲击相关的研究较少,仅进行了一些基本的探索。

国外对水射流的冲击特性研究较早,Gardner[66] 于 1932 年研究了圆柱状水射流撞击固体过程中的压力变化特征,通过将该过程的初始阶段简化为弹性碰撞阶段,得出了该阶段的冲击压力表达式。Brunton 等[67-68]研究了不同固体材料在超音速射流冲击下的变形特性,采用高速摄像和压力传感器测试得到了水射流冲击表面过程中的水锤压力峰值强度与持续时间。Huang 等[69]系统地探索了一维和二维液滴对绝对刚性靶板的冲击作用,分析了液滴的形态演化及其内部瞬态压力和速度分布,并发现在接触面内存在一个压应力极高的区域。Field 等[70-71]对高速射流撞击固体过程展开了理论研究,同时进行了高速摄像与条纹光学成像试验,结果表明球形液滴在撞击过程中会产生冲击波,且冲击波特性与靶体的形状有关。Adler[72]采用有效元方法模拟了液滴撞击固体表面的过程,证实了冲击过程的冲击波和水锤压力特征。Daniel[73]在对水射流冲击应力场和冲击波的研究基础上,定性地分析了一束水的冲击破岩过程,得出了破碎坑形成的时间为 1.5~6.0 μs。

国内近年来也对水射流的冲击特征开展了相关研究。江苏大学王育立等[74]对高压水射流开展了可视化研究,分析了常规压力及超高压条件下水射流的液体破碎机制,并对超高压毛细射流的脉动现象进行了讨论。重庆大学张仕进等[75]对超高压磨料水射流冲击脆性材料瞬间造成的破坏进行了研究,分析了高速水射流冲击脆性材料瞬间的作用力和范围。浙江大学 Ma 等[76]采用光滑粒子流体动力学方法 SPH 研究了高压水射流浸切金属材料的过程,综合分析了影响水射流作用效果的参数。安徽理工大学齐娟等[77]采用光滑粒子与有限元耦合算法对高压水射流冲击煤体进行了数值模拟,建立了圆柱形水体以不同速度冲击煤体的计算模型,分析了煤体在高压水射流冲击下的损伤模式、煤体中的应力波传播形式、煤体在高压水射流作用下的临界破煤压力。重庆大学黄飞等[78]基于流体动力学与弹性力学基本理论,分析了水射流冲击岩石过程中产生的水锤压力与滞止压力,推导出不同压力阶段水射流截面上动压力径向分布函数,并建立了水射流以不同的夹角冲击横观各向同性岩石的数学模型。

1.3.2 水射流破岩机理

水射流直接破碎岩石的过程非常复杂,由于影响因素众多、作用机理复杂以及研究手段有限,目前在水射流破岩机理的研究中多以宏观试验为主,水射流破岩的真实物理机制尚不清楚,严重制约着水射流技术的广泛运用和发展[79]。国内外众多学者开展了大量实验研究,形成了一些较为公认的学说,比较典型的包括准静态弹性破碎理论、冲击应力波破碎理论、空化效应破碎理论、裂纹扩展破碎理论等[70]。

1.3.2.1 准静态弹性破碎理论

该理论将射流冲击力视为准静态的集中力,以弹性强度理论为基础,冲击区域会产生剪应力和拉应力,当产生的应力超过岩石的强度时,岩石发生破裂[80]。最具有代表性的理论为密实核-劈拉破岩理论,即运用赫兹接触理论将破岩过程简化为一定速度的刚体压入岩石半无限弹性体的过程,由此分析岩石的启裂、裂纹扩展和破碎过程[79]。Hypabacknh[80-81]基于该理论将水射流的冲击力简化为均匀分布在圆上的作用力,由此得出水射流破岩门槛压力与岩石抗剪强度的关系表达式。国内外学者普遍认为[82],准静态弹性破碎理论对连续射流破岩中的门槛压力的存在具有很好的解释,但对于最优冲击靶距、水锤效应等现象无法解释,所以该理论存在着明显的局限性。

1.3.2.2 冲击应力波破碎理论

该理论将水射流的冲击载荷认为是动载,在岩石内产生应力波,被冲击区在强大的压缩波的作用下受力状态发生急剧变化,当拉应力值超过岩石破碎强度时,岩石产生裂纹和破坏。重庆大学卢义玉等[83]针对岩石在超高压水射流作用下的破碎特性,建立了球面应力波在岩石介质中传播的波动方程,运用拉格朗日方法描述岩石质点的位移场和速度场,利用Matlab对波动方程进行了计算求解并分析了岩石的破裂过程和机理。中国石油大学王瑞和[79]通过对岩石内孔隙流体的运动规律以及破岩过程的能量分布进行分析,对高压水射流破岩钻孔过程进行了系统的研究,结果表明,高压水射流破岩初期以应力波作用为主,形成岩石损伤破坏的主体,应力波与后期的准静态压力共同作用,导致岩石发生破碎。冲击应力波破碎理论解释了很多静态理论无法解释的现象,但是由于理论中的应力波概念是从固体撞击或爆炸冲击的应力波引申而来,而水射流的应力波作用及传播具有自身的特殊性[80],因此该理论具有一定的局限性。

1.3.2.3 空化效应破碎理论

空化是由于液流系统中的局部低压使液体蒸发而引起的微气泡爆发性生长现象,这些气泡在岩体表面破裂会产生强烈的气蚀作用[84]。Crow[85]认为气蚀作用是造成岩石破坏的主要原因,在水射流冲击下,岩石表面受到很高的压力作用,岩石颗粒前后的压力不同,两者的压力差就具备了气蚀条件。燕山大学李子丰[84]针对空化射流比普通射流破岩能力强的特性,分析了 Rayleigh 空穴湮灭冲击压强计算公式存在的问题,给出了空化射流引发的压强脉动是导致岩石破坏的主要原因的理论解释。重庆大学卢义玉等[86]在不同泵压和围压条件下开展了一系列高压空化水射流破岩实验,发现了空蚀效果随泵压增加成二次函数关系增加、随围压增加成二次函数关系减少的关系,并得出了岩石孔隙率越高越易被空化水射流破碎的结论。由于空化破坏具有强度大、过程复杂的特征,射流中的空泡的密度及其作用难以确定,空泡的实际破坏只能作为定性分析。

1.3.2.4 裂纹扩展破碎理论

该理论认为岩石中含有初始裂纹,水射流的破岩过程是其促进岩石裂纹扩展而破裂的结果。Powell 等[87]于 1969 年首次提出裂纹扩展破碎理论,通过假定冲击表面没有剪切应力的作用,采用 Griffith 抗拉强度理论作为裂纹扩展的判据,对水射流破岩时射流压力与抗压强度的关系进行了计算。拉伸-水楔破岩理论是其中最具有代表性的理论,认为在拉应力和剪应力超过岩石极限强度时形成裂隙,水射流能有效顺着裂纹尖端传播,对裂隙产生应力场,并在裂隙尖端产生应力集中,从而使裂隙不断发展直至岩石破碎[79]。裂纹扩展破碎理论可以恰当地描述水射流的破岩过程,但只是定性地说明了水射流产生的应力场的性质,不能具体指出裂隙产生的位置及方向,具有一定的局限性。

上述理论能够分别阐释水射流冲击破岩的部分规律,然而,没有任何一个理论能够完全地解释水射流冲击破碎煤岩的所有现象,现有研究多为选择其中一种或多种对破煤岩过程进行分析。而水射流冲击破煤岩是水射流增透技术的基础,是影响煤层卸压增透效果的关键,因此,需要根据钻孔内的水射流冲击特征,研究水射流在钻孔内的破煤岩机制,寻求水射流技术的不断深入和提升,为层内水射流增透技术的科学发展提供更加有力的支撑。

1.3.3 钻孔水射流增透作用研究进展

我国科研人员在借鉴石油行业和国外其他领域相关技术的基础上,将水射流引入煤层卸压增透技术中,作为改造煤储层结构和力学特性的一种重要手段[6]。历经 60 余年的研究,该类技术由初期的试验阶段、尝试应用阶段,逐渐进入了高速发展阶段,单项技术不断完善,煤层卸压增透效果不断提高[6]。近年来,国内专家学者在钻孔水射流增透技术的增透机制方面积累了丰富的研究成果。

李晓红、卢义玉等[42-43]基于岩石动态损伤模型,研究了高压脉冲水射流的动态损伤特性与煤体增透规律,得出了脉冲作用可以有效破碎煤体、增大煤体裂隙率和裂隙连通率、提高煤层渗透率的结论;林柏泉等[14,18]建立了缝槽煤体卸压应力演化模型,分析了水射流割缝参数对卸压增透的影响,并提出了整体卸压理念,开发了高压磨料射流割缝技术;赵阳升等[48]提出三维地层压力是导致煤层渗透性降低的主要因素,建立了单一裂缝岩体在三维应力作用下的物理模型和严密的关系方程,推导了渗透系数的计算公式,并发明了以连续水平割缝为核心的煤层改性方法;卢义玉等[43]通过引入煤体孔隙率和渗透率的动态演化模型及 D-P 准则,建立了高压水射流割缝后低透气煤层瓦斯渗流的流-固耦合模型;周红星等[88]研究了突出煤层穿层钻孔群增透增流作用机制;王凯等[59]分析了冲孔钻孔周围煤体应力及透气性变化规律,并采用压力法和含量法对水射流作用后的卸压范围进行了考察,得到了煤层靠近孔洞的透气性系数较高的结论;高亚斌[89]提出采用径向渗透率评价水射流对钻孔的增透效果,并开发了大直径穿层钻孔的水射流成孔方法。

分析当前对钻孔水射流增透机制的研究工作,形成了如下认识:

(1)钻孔水射流增透技术可以促进煤体裂隙扩展及贯通、创造瓦斯流动通道并使煤岩产生位移,是使煤体卸压、增渗和提高瓦斯抽采率的有效途径。

(2)研究工作运用理论分析、数值模拟和现场试验等方法探讨了钻孔环境下水射流的增透机制,工作大多集中在煤的渗透属性、裂隙扩展特性和瓦斯运移规律的研究,并未考虑钻孔在"成孔-射流增透-抽采"过程中受载损伤与径向卸压导致的变形断裂引起的煤体渗透率变化,缺乏针对射流增透钻孔在抽采过程的增透模型和评价方法。

(3)研究工作集中在单一钻孔及局部煤体的增透机制与增透特性研究,缺乏对区域煤体整体卸压、变形及增透作用的分析,钻孔之间的相互作用特性及增透机制尚不清楚,钻孔在水射流作用后的影响范围及最优间距缺乏理论判定依据。

第 2 章　高突煤层特征参数及对水射流的冲击响应

　　煤是一种具有复杂孔隙、裂隙结构的双重多孔介质[90]，大量瓦斯以吸附和游离状态储存在煤层中[91]。煤的孔隙结构是瓦斯储存的主要场所，同时也会连通成为瓦斯的渗流路径；煤的裂隙系统则构成了瓦斯的运移通道，决定着瓦斯的渗透特性。煤体内的孔隙可按孔径分为 4 类，分别为微孔、小孔、中孔和大孔，瓦斯的吸附与扩散主要集中在微孔和小孔中，而瓦斯的渗流主要发生在中孔和大孔内[91]。因此，煤的孔隙结构不仅影响其瓦斯吸附特性，同时也决定了瓦斯在煤层内的解吸、扩散和渗流行为，与煤层瓦斯的抽采过程密切相关。

　　近年来，水射流卸压增透技术以其高效的煤层改性作用，逐渐成为我国高突煤层提高瓦斯抽采率、消除突出危险性的主要措施之一[15,92-93]。水射流的冲击作用必然引起煤体孔隙-裂隙系统的变化，从而改善瓦斯的运移过程，然而现有文献对水射流冲击后煤体孔隙结构变化的研究较少，导致采用水射流措施后煤体内的瓦斯运移机制不清楚。本章在对高突煤层组分特征研究的基础上，采用压汞实验和甲烷吸附解吸实验对高突煤层的孔隙结构特征和瓦斯吸附特性进行研究，并通过 NMR 分析水射流对煤体孔隙结构和瓦斯抽采的影响。

2.1　高突煤层的组分特征

2.1.1　煤样来源

　　根据主要造山带和盆地的形成演化过程，并依据聚煤作用的特点，可将我国主要含煤区域划分为五大聚煤区，分别为东北聚煤区、西北聚煤区、华北聚煤区、华南聚煤区以及滇藏聚煤区[94]。其中，华北聚煤区是我国最重要的聚煤区，区内煤炭储量占全国的 53％，分布着 64％的国有重点煤矿，原煤年产量占全国的 50％以上[95]。华北聚煤区内含煤地层以石炭-二叠系为主，煤炭资源量达 18 778 亿 t，占全国石炭-二叠纪煤炭资源总量的 85.3％，同时，区内煤层气资源也非常丰富，占全国总量的 57％[96]。

本书煤样的选取主要集中在华北聚煤区,包含从褐煤到无烟煤的不同煤种,同时为了对比高突煤层与非突煤层的特点,选取了不同瓦斯等级的矿井进行采集。煤样采集地点概况见表 2-1。从表中可以看出,聚煤时期为石炭-二叠世的矿井,高瓦斯/突出矿井分布较多,采集煤样的煤级较高;而聚煤时期为侏罗-白垩世的矿井,瓦斯等级普遍较低,煤样的煤级较低。

表 2-1　煤样采集地点概况

煤样	取样地点	瓦斯等级	煤级	聚煤时期	突出煤层
1#	内蒙古通辽	瓦斯矿井	褐煤(HM)	晚侏罗世-早白垩世	否
2#	内蒙古鄂尔多斯	瓦斯矿井	长焰煤(CY)	早-中侏罗世	否
3#	辽宁阜新	瓦斯矿井	长焰煤(CY)	晚侏罗世-早白垩世	否
4#	陕西咸阳	高瓦斯矿井	不黏煤(BN)	早-中侏罗世	否
5#	山西朔州	瓦斯矿井	气煤(QM)	晚石炭-早二叠世	否
6#	安徽淮北	突出矿井	气煤(QM)	石炭-二叠世	是
7#	山西吕梁	瓦斯矿井	气煤(QM)	石炭-二叠世	否
8#	山西大同	高瓦斯矿井	气煤(QM)	石炭-二叠世	否
9#	河南平顶山	突出矿井	焦煤(JM)	石炭-二叠世	是
10#	河南平顶山	突出矿井	焦煤(JM)	石炭-二叠世	是
11#	河南郑州	突出矿井	无烟煤(WY)	石炭-二叠世	是
12#	山西阳泉	突出矿井	无烟煤(WY)	晚石炭-早二叠世	是
13#	河南焦作	突出矿井	无烟煤(WY)	石炭-二叠世	是
14#	河南偃师	瓦斯矿井	无烟煤(WY)	石炭-二叠世	否

2.1.2　显微组分与镜质组反射率

美国煤层气行业将镜质组反射率 $R_{o,max}=0.7\%\sim1.6\%$ 或 $R_{o,max}=0.8\%\sim1.3\%$ 的煤称为适宜煤层气开发的烟煤,结合国内学者的相关研究[95],本书将 $R_{o,max}<0.8\%$ 的煤定义为低变质煤(包含褐煤、次烟煤和低阶烟煤),将 $0.8\%\leqslant R_{o,max}\leqslant1.6\%$ 的煤定义为中变质煤,将 $R_{o,max}>1.6\%$ 的煤定义为高变质煤(包含高阶烟煤和无烟煤)。

表 2-2 是所取煤样的显微组分和镜质组反射率测定结果,可以看出,实验煤样的镜质组反射率分布在 $0.37\%\sim3.58\%$,所选 1#~5# 煤样为低变质煤,6#~8# 煤样为中变质煤,9#~14# 煤样为高变质煤。突出煤层煤样多为高变质煤,而非突煤层煤样多为低变质煤。

表 2-2　煤样显微组分及镜质组反射率测定结果

煤样	镜质组反射率/%	镜质组含量/%	惰质组含量/%	壳质组含量/%	矿物质含量/%
1#	0.37	90.52	1.30	5.93	2.21
2#	0.52	68.50	26.76	2.65	1.74
3#	0.62	45.76	48.27	1.03	4.94
4#	0.71	42.58	55.74	—	1.68
5#	0.75	79.36	11.15	4.65	4.84
6#	1.22	80.20	17.67	—	2.13
7#	1.35	73.41	24.85	—	1.74
8#	1.42	77.10	22.13	—	0.77
9#	1.68	80.21	11.68	6.93	1.18
10#	1.89	82.96	9.57	6.07	1.40
11#	2.62	90.70	3.60	—	5.70
12#	2.64	89.20	7.70	—	2.50
13#	3.20	87.91	10.92	—	1.17
14#	3.58	90.55	2.60	—	6.85

所取煤样的镜质组和惰质组含量随煤变质程度的变化关系如图 2-1 所示。由图可以看出,随着变质程度的增加,镜质组含量呈递增趋势,而惰质组含量呈递减趋势;褐煤和无烟煤的镜质组含量较高,达到 90% 左右,其余低变质煤的镜质组含量相对较低,有些煤样的镜质组含量甚至低于惰质组含量。

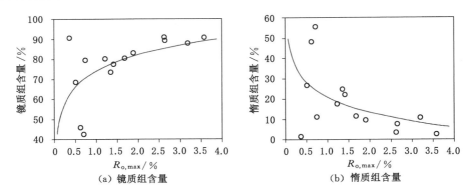

（a）镜质组含量　　　　　　　（b）惰质组含量

图 2-1　镜质组和惰质组含量与煤变质程度的关系

2.1.3　工业分析

煤的工业分析是了解煤质特性的主要方法,也是评价煤质的基本依据,它将煤的组成分为水分、灰分、挥发分和固定碳四部分。煤的内在水分含量主要受其内表面积控制,可以反映煤的结构;而煤的挥发分含量与变质程度呈负相关关系,可以反映煤的变质程度。

表 2-3 是所取煤样的工业分析测定结果,可以看出,煤样中水分含量的变化范围为 1.41%～18.11%,随着变质程度的增加,煤样的含水量呈递减趋势。低变质煤的含水量变化范围为 3.88%～18.11%,平均 8.47%;中变质煤的含水量在 4.16%～6.89%,平均 5.37%;而高变质煤的含水量在 1.41%～6.22%,平均 3.50%。煤样中挥发分含量的变化范围为 4.91%～34.26%,随着变质程度的增加,挥发分含量逐渐降低。低变质煤的挥发分含量多数高于30%,而中高变质煤的挥发分含量普遍在 20% 以下。固定碳含量的变化规律则和挥发分相反。

表 2-3　工业分析测定结果

煤样	镜质组反射率/%	水分含量/%	灰分含量/%	挥发分含量/%	固定碳含量/%
1#	0.37	18.11	9.13	34.26	38.50
2#	0.52	8.96	4.82	29.11	57.11
3#	0.62	6.16	6.94	28.97	57.93
4#	0.71	5.22	16.33	30.50	47.95
5#	0.75	3.88	9.92	33.32	52.88
6#	1.22	4.16	8.79	21.63	65.42
7#	1.35	5.05	9.10	17.84	68.01
8#	1.42	6.89	8.31	16.58	68.22
9#	1.68	6.22	9.06	16.21	68.51
10#	1.89	4.61	9.93	13.36	72.10
11#	2.62	2.01	11.78	17.93	68.28
12#	2.64	1.41	8.58	8.06	81.95
13#	3.20	3.50	2.17	6.09	88.24
14#	3.58	3.27	12.04	4.91	79.78

2.2 高突煤层的孔隙特征

2.2.1 煤的孔隙结构分类

煤的微观孔隙结构决定了其宏观特性,在根本上决定着煤层瓦斯的吸附与运移[97-99]。国内外学者依据孔隙的连通状况,将煤的孔隙分为开放孔、半开放孔和封闭孔[100-101]。开放型孔道以大孔和可见孔为主,封闭型孔道以微孔为主[3,97]。煤体孔隙的开放性可以根据压汞曲线的"滞后环"进行判断[102]:具有明显压汞"滞后环"的为开放孔,不具有压汞"滞后环"的为半开放孔。

根据煤的孔隙大小,国内外学者对煤的孔隙结构进行了大量分类研究。霍多特将煤的孔隙分为微孔、小孔、中孔和大孔4类;国际纯粹与应用化学联合会(IUPAC)将煤的孔隙分为微孔、过渡孔和大孔3类;国内的吴俊[103]、秦勇等[104]、琚宜文等[105]也对煤中的孔隙进行了分类。这些研究各有其特点和针对性,其中比较有代表性的分类方法如表2-4所示[106]。

表 2-4　煤的孔隙结构分类方法[106]　　　　　　　　　　单位:nm

霍多特 (1961)	Dubinin (1966)	IUPAC (1966)	抚顺煤研所 (1985)	吴俊 (1991)	秦勇等 (1995)	琚宜文等 (2005)
大孔 >1 000	大孔 >20	大孔 >50	大孔 >100	大孔 1 000~1 500	大孔 >450	超大孔 >20 000
						大孔 5 000~20 000
中孔 100~1 000	过渡孔 2~20	过渡孔 2~50	过渡孔 8~100	中孔 100~1 000	中孔 50~450	中孔 100~5 000
小孔 10~100				过渡孔 10~100	过渡孔 15~50	过渡孔 15~100
微孔 <10	微孔 <2	微孔 <2	微孔 <8	微孔 <10	微孔 <15	微孔 <15

在众多方法中,霍多特的分类方法综合考虑了固体孔径范围与固气作用效应,在研究煤储层特征和煤层气运移特性时被广泛采用。结合俞启香[107]对煤层孔隙内瓦斯运移特性的分析,本书将煤中的孔隙划分为4类:微孔(孔径<0.01 μm),构成瓦斯吸附空间;小孔(0.01 μm≤孔径<0.1 μm),构成瓦斯扩散空间;中孔(0.1 μm≤孔径<1 μm)和大孔(1 μm≤孔径<100 μm),构成瓦斯渗流空间。

2.2.2   压汞实验及孔隙类型分析

压汞法是利用汞对煤体的不浸润性来测定煤体孔隙结构特征的方法,在煤层孔隙研究中应用广泛[9]。在中国矿业大学煤层气资源与成藏过程教育部重点实验室进行了 1# ～14# 煤样的压汞实验,实验设备为美国麦克仪器公司 Auto-Pore Ⅳ 9500 型全自动压汞仪,孔径测量范围为 3 nm～370 μm。测试所用煤样均为块状煤样,实验前置于真空干燥箱中,在 100 ℃ 条件下抽真空干燥 12 h,消除水分影响后进行测试。实验测得的进退汞曲线如图 2-2 所示。

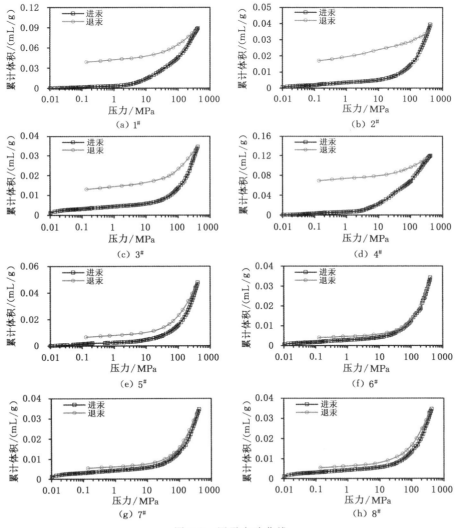

图 2-2   压汞实验曲线

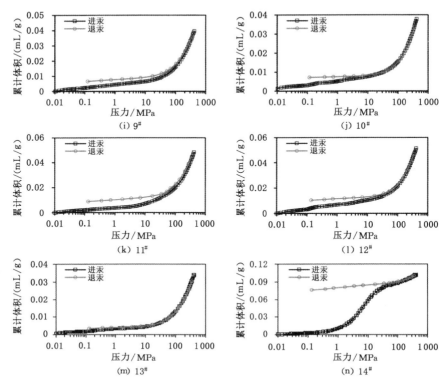

图 2-2 （续）

从图 2-2 可以看出，不同变质程度煤样的进退汞曲线不同，但同一类煤样的曲线特征大致相似。图 2-2(a)～(e)为低变质煤的进退汞曲线，可以发现进汞与退汞曲线表现出明显的"滞后环"特征，说明低变质煤从微孔到大孔均具有开放性，孔隙间的连通性较好。图 2-2(f)～(h)为中变质煤的进退汞曲线，可以发现整个压力阶段的进汞与退汞曲线差值均较小，说明中变质煤的孔隙开放性较小，连通性较弱。图 2-2(i)～(n)为高变质煤的进退汞曲线，可以发现进汞与退汞曲线在低压段差值较小，而在高压段基本重合，说明高变质煤的中孔和大孔具有一定的开放性，而微孔和小孔为半开放性孔隙，连通性较差。

对比分析高突煤层和非突煤层煤样的进退汞曲线，可以看出二者的孔隙结构具有显著差异。高突煤层中含有大量连通性较小的半开放性微孔和小孔，为瓦斯吸附提供了丰富空间，同时煤中所含的开放性中孔和大孔较少，孔隙之间连通性较差，为瓦斯储存提供了良好条件。而非突煤层中虽然也含有半开放性微孔和小孔，但是煤中所含的开放性中孔和大孔较多，瓦斯流动通道丰富，不利于瓦斯储存。因此,增加高突煤层中的开放性大孔和中孔有利于抽采其中的瓦斯。

2.2.3 孔隙结构分析

通过压汞实验可以得到测试煤样的关键孔隙结构特征,包括总孔体积、比表面积、平均孔径、骨架密度、孔隙率、渗透率等。实验测得的煤样孔隙结构特征参数如表 2-5 所示。

表 2-5 煤样孔隙结构特征参数

煤样	镜质组反射率/%	总孔体积/(mL/g)	比表面积/(m²/g)	平均孔径/nm	体积密度/(g/mL)	骨架密度/(g/mL)	孔隙率/%	渗透率/mD
1#	0.37	0.089	37.11	13.1	1.17	1.31	10.44	13.32
2#	0.52	0.039	17.69	11.6	1.13	1.27	9.64	8.87
3#	0.62	0.044	20.21	10.4	1.18	1.24	5.12	8.63
4#	0.71	0.119	42.32	18.1	1.13	1.30	13.45	8.71
5#	0.75	0.048	27.74	6.9	1.17	1.24	5.60	10.89
6#	1.22	0.032	17.96	8.3	1.29	1.35	4.46	5.26
7#	1.35	0.035	18.17	7.8	1.23	1.28	4.24	4.40
8#	1.42	0.029	14.57	8.9	1.24	1.24	3.57	3.56
9#	1.68	0.040	20.02	7.9	1.19	1.25	4.70	5.15
10#	1.89	0.038	18.97	8.8	1.27	1.33	4.77	2.53
11#	2.62	0.048	24.35	7.9	1.24	1.32	5.97	4.20
12#	2.64	0.051	25.42	8.1	1.21	1.29	6.22	1.60
13#	3.20	0.034	17.65	8.5	1.18	1.23	4.02	2.38
14#	3.58	0.102	28.99	19.2	1.26	1.44	12.87	11.97

前人研究表明,低变质程度的煤受到的压缩、变质作用尚不够强烈,孔隙结构疏松,孔隙率和渗透率都较高;随着变质程度的增加,煤层不断被压实、收缩,煤中水分和挥发分逐渐降低,孔隙变得密实;当煤层变质程度达到无烟煤时,由于次生裂隙的增加,煤的孔隙率又开始增大[98,104]。

图 2-3 为华北聚煤区煤样孔隙结构特征参数与变质程度关系,可以看出煤样的总孔体积、比表面积、孔隙率和渗透率都随着 $R_{o,max}$ 的增加呈现出先减小后增大的变化趋势,这与前人的研究结果一致。对实验数据进行统计后可以发现,低变质煤的平均总孔体积为 0.068 mL/g、平均比表面积为 29.014 m²/g,而中高变质煤的平均总孔体积为 0.045 mL/g、平均比表面积为 20.678 m²/g,说明中高变质煤的孔隙发育程度普遍小于低变质煤,煤体结构更为密实,瓦斯的扩散和运移通道相对较少。煤样的孔隙率和渗透率也反映出相似的现象,低变质煤的平均孔隙率为

8.85％、平均渗透率为 10.08 mD,而中高变质煤的平均孔隙率为 5.65％、平均渗透率为 4.56 mD,说明中高变质煤的孔隙性和渗透性普遍较差,不利于瓦斯流动。

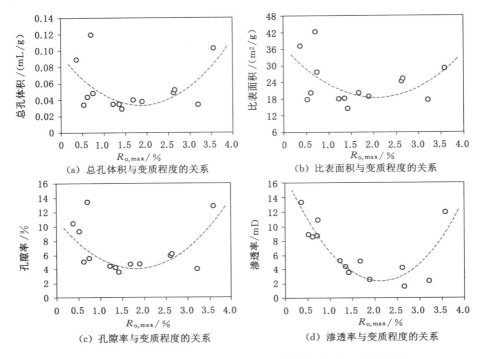

(a) 总孔体积与变质程度的关系

(b) 比表面积与变质程度的关系

(c) 孔隙率与变质程度的关系

(d) 渗透率与变质程度的关系

图 2-3　华北聚煤区煤样孔隙结构特征参数与变质程度的关系

图 2-4 为煤样平均孔径与变质程度的关系,可以看出平均孔径随着 $R_{o,max}$ 增加同样呈现出先减小后增大的变化趋势。低变质煤的平均孔径为 12.02 nm,中高变质煤的平均孔径为 9.49 nm,因而中高变质煤中的孔隙以微孔为主。前文分析得出中高变质煤的微孔多为半开放性孔隙,因此中高变质煤的孔隙连通性较差,不利于瓦斯流动。对所取煤样中高突煤层和非突煤层的孔隙结构特征参数进行统计,结果如图 2-5 所示。从图中可以发现,高突煤层的平均总孔体积和平均比表面积分别比非突煤层小 30.51％和 13.73％,说明高突煤层的孔隙发育程度较低,结构较为密实,可用于瓦斯扩散和运移的通道较少。而高突煤层的平均骨架密度比非突煤层高 14.1％,也可以反映出这一特征。从图中还可以看出,高突煤层的平均孔径仅为 8.25 nm,说明其孔隙是以孔径小于 10 nm 的半开放性微孔为主,孔隙间的连通性较差,不利于瓦斯流动。在宏观参数上,高突煤层的孔隙结构特征使其表现为较低的孔隙率和渗透率,测试结果表明,高突煤层的平均孔隙率为 5.02％、平均渗透率为 3.52 mD,二者分别比非突煤层小 34.55％

和 57.84%,说明高突煤层的孔隙结构特征很不利于瓦斯抽采。

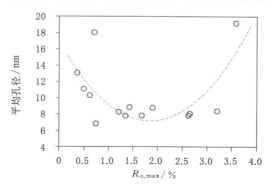

图 2-4　煤样平均孔径与变质程度的关系

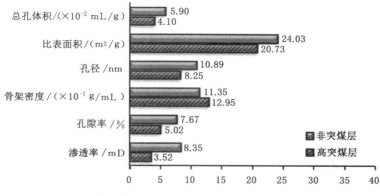

图 2-5　高突煤层和非突煤层平均孔隙结构特征参数

2.2.4　孔径分布分析

　　煤体的孔径分布决定着其孔隙结构特征,根据各煤样的实验数据,绘制了孔径与孔体积增量的关系曲线,如图 2-6 所示。

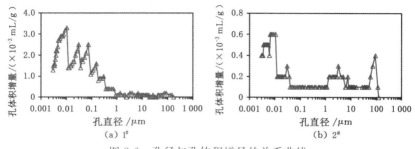

图 2-6　孔径与孔体积增量的关系曲线

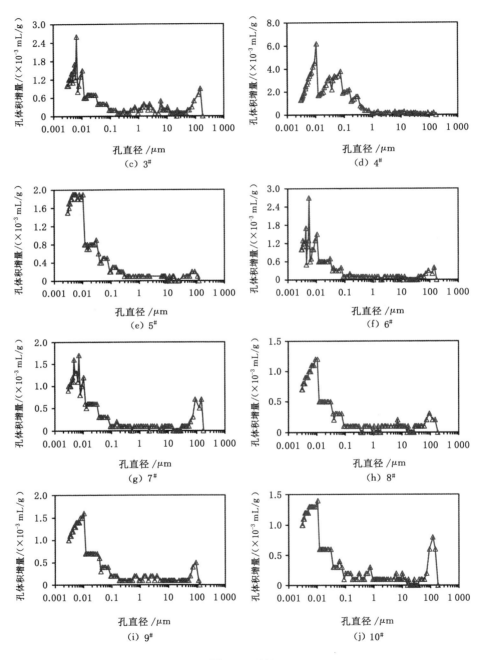

图 2-6 （续）

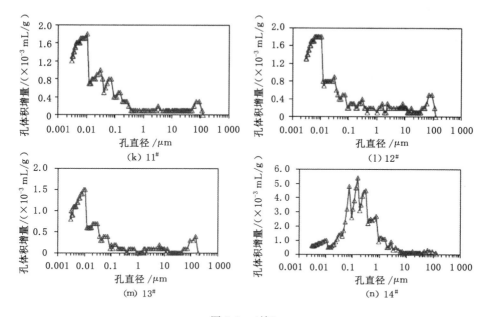

图 2-6 （续）

从图 2-6 可知,所测不同变质程度煤样的孔体积中,微孔所占的比例为 44.78%～61.80%,平均为 53.42%;小孔所占的比例为 20.65%～36.01%,平均为 29.38%;中孔所占的比例为 3.76%～15.15%,平均为 7.63%;大孔所占的比例为 4.71%～27.72%,平均为 12.58%。而在所测煤样的比表面积中,微孔所占的比例 83.86%～91.13%,平均为 89.01%;小孔所占的比例为 7.92%～15.40%,平均为 10.49%;中孔和大孔所占的比例平均仅为 0.50%。由此可见,所取煤样的孔径分布以微孔和小孔为主,二者的孔体积占总孔体积的 82.80%,而比表面积则占到总比表面积的 99.50%。煤体孔隙比表面积决定了对瓦斯的吸附能力,由于煤样的比表面积主要集中在微孔阶段,因而微孔是影响瓦斯吸附的主要因素。相比较而言,小孔对瓦斯吸附的影响较弱,更多的是提供瓦斯扩散空间,中孔和大孔则是构成瓦斯的层流渗透通道。

所测煤样中,不同类型孔隙的孔体积占比随变质程度的变化如图 2-7 所示。由图可以发现,随着 $R_{o,max}$ 的增加,微孔的孔体积占比呈现先增大后减小的趋势,低变质煤的平均占比为 51.11%,中变质煤的平均占比为 55.64%,高变质煤的平均占比为 54.22%。小孔的孔体积占比随 $R_{o,max}$ 的增加呈现先减小后增大的趋势,低变质煤的平均占比为 28.62%,中变质煤的平均占比为 27.60%,高变质煤的平均占比为 30.91%。而中孔的孔体积占比随着 $R_{o,max}$ 的增加呈现出"高-

低-高-低"的变化趋势,两个拐点对应的位置分别为 $R_{o,max}=1.3\%$ 和 $R_{o,max}=2.5\%$,分别是煤化作用的第二次跃变和第三次跃变的跃变点[100]。此外,大孔的孔体积占比随着 $R_{o,max}$ 的增加整体上呈现减小的趋势。

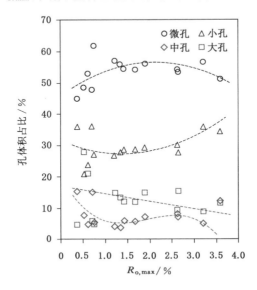

图 2-7　孔体积占比与变质程度的关系

　　因此,随着煤化过程的进行,可将煤层的孔隙结构变化分为以下几个阶段:首先,随着 $R_{o,max}$ 的增加,煤层不断被压实,煤中的大孔、中孔和小孔逐渐减少,微孔所占的比例增大;在 $R_{o,max}$ 大于 1.3% 后,煤中化学反应以裂化反应为主,富氢侧链大量缩短、化学键大量减少,微孔、小孔和中孔都逐渐增加;在 $R_{o,max}$ 大于 2.0% 后,煤层变质程度接近无烟煤,微孔所占的比例开始减小,小孔含量显著增多。整体上看,低变质煤中各类孔隙的发育相对均衡,中孔和大孔所占的比例也相对较多,孔隙间的连通性较好;而高变质煤的孔隙主要集中在微孔和小孔阶段,中孔和大孔所占比例较小,孔隙间连通性较差。

　　对煤样中高突煤层的孔体积和比表面积分布进行统计,结果如图 2-8 所示。由图可以看出,高突煤层的孔径分布以微孔和小孔为主,中孔和大孔的含量较少;微孔提供了 53.32% 的孔体积和 88.96% 的比表面积,非常利于煤体吸附瓦斯,而孔体积占比仅为 18.03% 的中孔和大孔难以为瓦斯提供足够的渗透空间,这就使得煤层中瓦斯含量较高,发生突出的危险性较大。

　　综上所述,高突煤层的孔隙发育程度较低,孔间连通性较差,结构较为密实,其孔隙率和渗透率均显著低于非突煤层,使得瓦斯运移困难;而以半开放

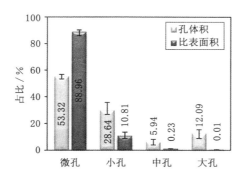

图 2-8　高突煤层孔体积和比表面积分布

性微、小孔为主的孔径分布为瓦斯提供了丰富的储存空间,同时孔体积占比仅为 18.03% 的中、大孔难以为瓦斯提供足够的渗流空间,使得煤层中瓦斯含量较高且难以抽采。

2.3　高突煤层的吸附特征

2.3.1　甲烷吸附实验

由于瓦斯主要以吸附状态存在于煤层中,因而研究瓦斯的吸附规律对于煤层的高效抽采尤为重要。高压容量法是测定吸附特征的经典方法,将 14 组煤样分别制成粒径为 0.20～0.25 mm 的颗粒进行测试,实验系统如图 2-9 所示。

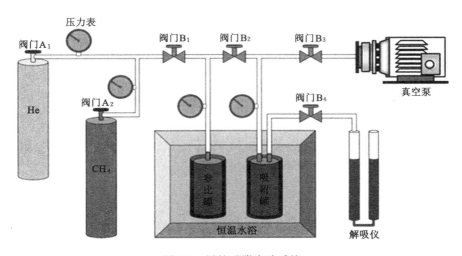

图 2-9　甲烷吸附实验系统

在检测系统气密性良好并确定吸附罐的自由体积后,按如下步骤进行甲烷吸附实验:① 将 20 g 左右的煤样放入吸附罐中,在 25 ℃的水浴中真空脱气 8 h;② 关闭系统中所有阀门,随后打开阀门 B_1,接着打开甲烷钢瓶阀门 A_2,使甲烷进入参比罐中,当压力达到设定值时,关闭阀门 A_2 和 B_1,记录平衡压力 p_A;③ 打开阀门 B_2,使甲烷扩散至吸附罐中,在煤样达到吸附平衡状态后,记录平衡压力 p_B;④ 利用气体状态方程和质量守恒定律计算平衡压力为 p_B 时的吸附量;⑤ 重复②、③、④步,逐渐增大甲烷压力,得到煤样在不同平衡压力(1~6 MPa)下的甲烷吸附量数据。

2.3.2 甲烷吸附曲线

根据吸附实验的结果,可以得到各煤样的甲烷吸附曲线如图 2-10 所示。从图中可以看出,不同变质程度煤样的甲烷吸附曲线不同,但同一类煤样的曲线特征大致相似。低变质煤的甲烷吸附曲线表现出近似直线的增长趋势,没有出现明显的最大吸附量,说明煤样在实验压力下吸附能力变化不大;而中高变质煤样的甲烷吸附曲线在吸附压力较低时增长较快,随着压力的增加,吸附曲线逐渐变缓,说明中高变质煤在低压时的甲烷吸附能力较强。

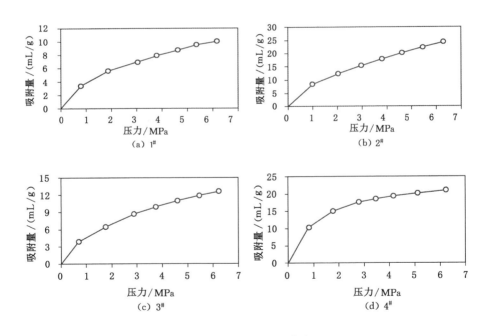

图 2-10　甲烷吸附实验曲线

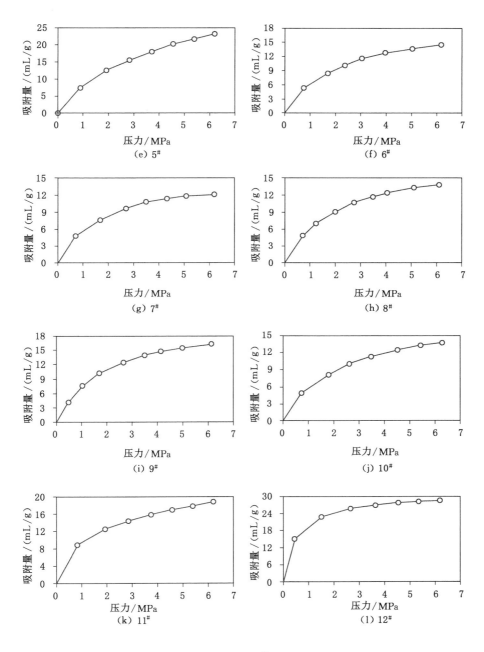

图 2-10　（续）

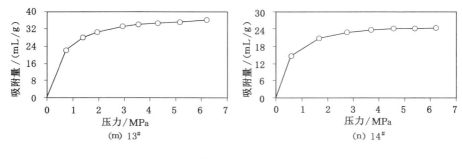

图 2-10 （续）

对所测煤样在低压（1 MPa）和高压（6 MPa）时的甲烷吸附量进行统计,结果如图 2-11 所示。由图可以看出,不同变质程度煤样的甲烷吸附量差异较大,随着变质程度的增加,吸附量整体上呈现出逐渐增大的趋势,这与煤样的孔隙结构和孔径分布密切相关。高突煤层往往具有较高的变质程度,在较低的压力下就能吸附大量瓦斯,因此其发生突出的危险较大。

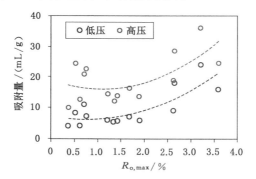

图 2-11 甲烷吸附量与变质程度的关系

2.3.3 吸附特征分析

研究煤的吸附特征通常需要采用理论模型对实验数据进行拟合,通过拟合得到的吸附特征参数进行表征。目前常用的煤吸附甲烷理论模型主要包括单分子层吸附模型、多分子层吸附模型和微孔充填理论模型,分别使用 Langmuir 方程、BET 方程和 D-A 方程进行描述[106,108]。

单分子层吸附模型认为甲烷以单分子吸附在煤体表面,且甲烷吸附只有一个分子的厚度。其表达式 Langmuir 方程如下:

$$V = \frac{V_L p}{p + p_L} \tag{2-1}$$

线性化后可得：

$$\frac{p}{V} = \frac{p}{V_{\mathrm{L}}} + \frac{p_{\mathrm{L}}}{V_{\mathrm{L}}} \tag{2-2}$$

多分子层吸附模型是单分子层吸附模型的扩展，认为甲烷以多分子层吸附在煤体表面。其表达式 BET 方程如下：

$$V = \frac{V_{\mathrm{m}} C p}{(p_{\mathrm{c}} - p)\left[1 + (C-1)(p/p_{\mathrm{c}})\right]} \tag{2-3}$$

线性化后可得：

$$\frac{p}{V(p_{\mathrm{c}} - p)} = \frac{1}{V_{\mathrm{m}} C} + \frac{C-1}{V_{\mathrm{m}} C}\frac{p}{p_{\mathrm{c}}} \tag{2-4}$$

微孔充填理论是在吸附势理论基础上创立的，认为甲烷在煤体内的吸附是孔充填形式，而不是层式吸附。其表达式 D-A 方程如下：

$$\frac{V}{V_0} = \exp\left\{-\left[\frac{RT}{E}\ln\left(\frac{p_{\mathrm{c}}}{p}\right)\right]^n\right\} \tag{2-5}$$

线性化后可得：

$$\ln V = \ln V_0 - \left(\frac{RT}{E}\right)^n\left[\ln\left(\frac{p_{\mathrm{c}}}{p}\right)\right]^n \tag{2-6}$$

式中，V 为甲烷吸附量，mL/g；p 为吸附平衡压力，MPa；V_{L} 为 Langmuir 体积，即甲烷最大吸附能力，mL/g；p_{L} 为 Langmuir 压力，即吸附量为最大吸附能力一半时的吸附压力，MPa；V_{m} 为单分子层甲烷吸附量，mL/g；p_{c} 为甲烷饱和蒸气压，MPa；C 为常数，反映吸附热的大小；V_0 为最大甲烷吸附量，mL/g；R 为气体常数，8.314 J/(mol·K)；T 为实验温度，298 K；E 为特征吸附能，J/mol；n 为常数，反映表面非均一性。

甲烷饱和蒸气压可以根据公式(2-7)进行计算[109-110]，在实验温度(25 ℃)下甲烷的饱和蒸气压 $p_{\mathrm{c}} = 11.29$ MPa。

$$p_{\mathrm{c}} = p_{\mathrm{s}}\left(\frac{T}{T_{\mathrm{s}}}\right)^2 \tag{2-7}$$

式中，$p_{\mathrm{s}} = 4.62$ MPa，$T_{\mathrm{s}} = 190.6$ K。

将吸附实验数据分别按照式(2-2)、式(2-4)和式(2-6)进行处理，可以拟合得到 3 种理论模型下的吸附特征参数，如表 2-6 所示。从表中可以看出，3 种理论模型都具有较好的拟合度，可以很好地描述煤体吸附瓦斯的特征，然而不同模型在模拟精度上还是存在差异。

表 2-6　不同模型拟合得到的吸附特征参数

煤样	Langmuir 方程			BET 方程			D-A 方程			
	V_L /(mL/g)	p_L /MPa	R^2	V_m /(mL/g)	C	R^2	V_0 /(mL/g)	E /(J/mol)	n	R^2
1#	14.33	2.87	0.988 2	5.96	15.97	0.997 1	13.20	4 954.39	1.08	0.998 2
2#	38.02	3.78	0.989 9	14.60	12.23	0.996 3	39.76	3 481.90	0.82	0.999 9
3#	18.35	3.02	0.987 5	4.65	13.36	0.994 3	16.07	5 034.34	1.16	0.999 2
4#	24.75	1.14	0.998 9	13.07	69.55	0.987 4	21.65	7 580.82	1.99	0.999 6
5#	36.50	3.66	0.995 3	14.49	11.31	0.994 9	32.92	4 143.63	0.96	0.999 7
6#	19.42	2.13	0.998 5	10.22	13.97	0.994 7	16.04	6 225.72	1.61	0.998 7
7#	15.48	1.62	0.998 0	8.53	17.24	0.992 1	13.17	6 754.18	1.78	0.996 5
8#	18.55	2.04	0.998 6	9.58	14.50	0.992 4	14.93	6 351.02	1.81	0.999 6
9#	21.41	1.93	0.997 0	11.42	14.13	0.994 1	17.17	6 509.45	1.91	0.999 9
10#	18.25	2.10	0.997 4	9.01	16.32	0.991 5	15.55	6 194.76	1.47	0.999 1
11#	23.09	1.57	0.998 3	11.35	40.05	0.995 2	21.63	7 038.09	1.24	0.999 5
12#	30.96	0.53	0.999 2	18.83	58.00	0.990 8	29.04	9 522.38	2.16	0.999 9
13#	39.22	0.55	0.999 6	25.84	96.75	0.995 2	36.31	9 163.24	2.36	0.999 3
14#	26.18	0.42	0.999 4	31.75	66.69	0.992 2	24.66	9 507.34	2.55	0.999 4

　　将 3 种理论模型对实验数据处理的拟合度与变质程度的关系进行统计，结果如图 2-12 所示。由图可以看出，3 种理论模型对高突煤层的拟合度从大到小依次为 D-A 方程、Langmuir 方程、BET 方程。

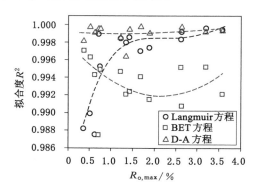

图 2-12　不同理论模型拟合度与变质程度的关系

不同理论模型得到的吸附特征参数可以从不同角度反映煤体的吸附特征[111-112]，对各个特征参数与变质程度的关系进行统计分析如下。

图 2-13 是采用 Langmuir 方程拟合得到的特征参数与变质程度的关系。从图中可以看出，V_L 随 $R_{o,max}$ 的增加呈现出先减小后增大的变化趋势：低变质煤的最大吸附能力受其聚煤时期影响较大，晚侏罗世-早白垩世的 1# 和 3# 煤样 V_L 较小，而其余时期的 V_L 大于中变质煤；中高变质煤的最大吸附能力随 $R_{o,max}$ 的增加逐渐增大，且无烟煤的 V_L 明显大于烟煤。p_L 随 $R_{o,max}$ 的增加呈现出逐渐递减的变化趋势：低变质的 p_L 普遍大于中高变质煤，说明甲烷吸附量增长较慢，不易吸附饱和；高突煤层较多的中高变质煤 p_L 较小，说明其在较低的压力下就能吸附大量甲烷。

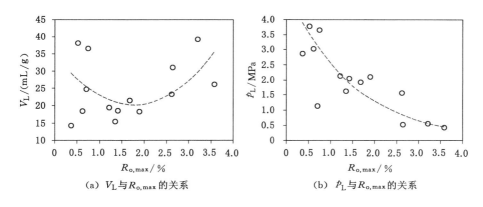

（a）V_L 与 $R_{o,max}$ 的关系　　　（b）p_L 与 $R_{o,max}$ 的关系

图 2-13　Langmuir 方程特征参数与变质程度的关系

图 2-14 是采用 BET 方程拟合得到的特征参数与变质程度的关系。从图中可以看出，随着变质程度 $R_{o,max}$ 的增加，单分子层甲烷吸附量 V_m 呈现出先减小后增大的变化趋势，中高变质烟煤的 V_m 增长较慢，甲烷吸附能力较弱，而变质程度达到无烟煤后 V_m 迅速增加，甲烷吸附能力显著增大。随着 $R_{o,max}$ 的增加，反映吸附热大小的特征参数 C 呈现出逐渐增大的变化趋势，褐煤与烟煤的吸附热变化较小，无烟煤的吸附热增加迅速，说明高变质煤与甲烷之间的相互作用较强，使其在较低的压力下就能吸附大量瓦斯。

图 2-15 是采用 D-A 方程拟合得到的特征参数 V_0、E 和 n 随变质程度的变化关系。从图中可以看出，最大甲烷吸附量 V_0 与 Langmuir 体积 V_L 具有相同的变化特征，随着变质程度 $R_{o,max}$ 的增加，V_0 呈现出先减小后增大的变化趋势；特征吸附能 E 和特征常数 n 随 $R_{o,max}$ 的增加逐渐增大，表明中高变质煤的特征吸附能较高，对甲烷具有较强的吸附作用。

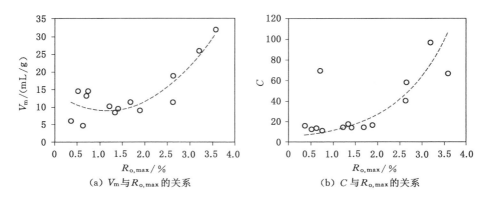

（a）V_m 与 $R_{o,max}$ 的关系　　　　（b）C 与 $R_{o,max}$ 的关系

图 2-14　BET 方程特征参数与变质程度的关系

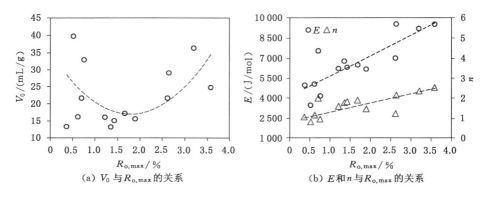

（a）V_0 与 $R_{o,max}$ 的关系　　　　（b）E 和 n 与 $R_{o,max}$ 的关系

图 2-15　D-A 方程特征参数与变质程度的关系

　　整体上看，3 种理论模型拟合得到的特征参数反映出相似的吸附特征。煤样的最大甲烷吸附量随 $R_{o,max}$ 的增加呈现出先减小后增大的变化趋势，低变质煤受其聚煤时期影响较大，而中高变质煤与其变质程度呈正相关关系。煤样对甲烷的吸附能力随 $R_{o,max}$ 的增加呈现出逐渐增大的变化趋势，低变质煤的吸附甲烷能力较弱，因而煤层含气量往往较小；高突煤层较多的中高变质煤对甲烷的吸附能力较强，在较低的压力下就能吸附大量甲烷，所以煤层含气量较高，瓦斯危害也较为严重。

　　对所取煤样中高突煤层和非突煤层的吸附特征参数进行统计，结果如图 2-16 所示。由图可以看出，高突煤层反映最大甲烷吸附量的 V_L、V_m 和 V_0 均大于非突煤层，而反映吸附甲烷能力的 C、E、n 分别较非突煤层大 44.4％、24.4％ 和 17.8％，Langmuir 压力 p_L 比非突煤层小 36.6％。因此，高突煤层具有甲烷最大吸附量较高、吸附甲烷能力较强的特征，并且更加容易吸附饱和，导致煤层瓦斯抽采困难，突出危险较大。

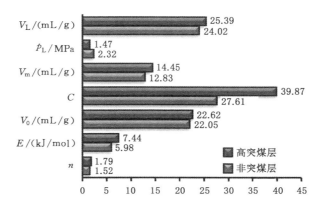

图 2-16　高突与非突煤层吸附特征参数

2.3.4　孔隙对吸附的影响

煤的孔隙结构是决定煤吸附能力的主要因素之一[98,112]，本书采用曲线相似度法分析了高突煤层孔隙特征对甲烷吸附的影响。曲线相似度法是依据两条曲线的相似程度判断二者之间关联性的方法，在确定因变量的变化趋势时，可以分析不同自变量与因变量的相关性，研究因变量的主控因素[95]。

由于单分子层吸附模型在 3 种吸附理论模型中具有表达式简单、特征参数意义明确的特点，同时考虑 Langmuir 方程对高突煤层赋存的中高变质煤具有相对较好的拟合精度，本书采用 $6^{\#}$～$14^{\#}$ 煤样的 Langmuir 吸附特征参数作为因变量进行分析，自变量选择对应煤样所测得的孔体积和比表面积数据，将自变量及因变量数据进行向量化处理，如下所示：

Langmuir 体积 V_L 向量化：
$$Y_1 = [19.42, 15.48, 18.55, 21.41, 18.25, 23.09, 30.96, 39.22, 26.18]^T$$

Langmuir 压力 p_L 向量化：
$$Y_2 = [2.13, 1.62, 2.04, 1.93, 2.10, 1.57, 0.53, 0.55, 0.42]^T$$

总孔体积向量化：
$$A_1 = [0.032, 0.035, 0.029, 0.040, 0.038, 0.048, 0.051, 0.034, 0.102]^T$$

总比表面积向量化：
$$A_2 = [17.96, 18.17, 14.57, 20.02, 18.97, 24.35, 25.42, 17.65, 28.99]^T$$

微孔孔体积向量化：

$$\boldsymbol{B}_1 = [0.018\ 2, 0.019\ 5, 0.015\ 8, 0.021\ 6, 0.021\ 3, 0.026\ 0, 0.027\ 2, 0.019\ 3,$$
$$0.052\ 1]^T$$

微孔比表面积向量化：

$$\boldsymbol{B}_2 = [16.151\ 4, 16.244\ 0, 12.980\ 4, 17.685\ 7, 17.135\ 6, 21.586\ 3, 22.756\ 0,$$
$$15.138\ 4, 26.354\ 8]^T$$

小孔孔体积向量化：

$$\boldsymbol{C}_1 = [0.008\ 5, 0.009\ 7, 0.008\ 2, 0.011\ 4, 0.011\ 1, 0.014\ 4, 0.014\ 1, 0.012\ 1,$$
$$0.035\ 0]^T$$

小孔比表面积向量化：

$$\boldsymbol{C}_2 = [1.763\ 7, 1.878\ 8, 1.350\ 6, 2.288\ 3, 1.652\ 3, 2.680\ 9, 2.600\ 5, 2.384\ 5,$$
$$2.591\ 7]^T$$

中孔孔体积向量化：

$$\boldsymbol{D}_1 = [0.001\ 3, 0.001\ 3, 0.001\ 7, 0.002\ 2, 0.002\ 7, 0.003\ 9, 0.003\ 6, 0.001\ 7,$$
$$0.012\ 4]^T$$

中孔比表面积向量化：

$$\boldsymbol{D}_2 = [0.025\ 1, 0.027\ 3, 0.023\ 3, 0.038\ 0, 0.041\ 7, 0.080\ 4, 0.063\ 6, 0.038\ 8,$$
$$0.939\ 3]^T$$

大孔孔体积向量化：

$$\boldsymbol{E}_1 = [0.004\ 7, 0.004\ 7, 0.003\ 5, 0.004\ 7, 0.005\ 6, 0.004\ 5, 0.007\ 9, 0.003\ 0,$$
$$0.011\ 9]^T$$

大孔比表面积向量化：

$$\boldsymbol{E}_2 = [0.001\ 8, 0.001\ 8, 0.001\ 5, 0, 0.003\ 8, 0, 0, 0.001\ 8, 0.252\ 2]^T$$

采用 Matlab 对上述列向量的相似度进行求解，结果如表 2-7 所示。

表 2-7 Langmuir 吸附特征参数与孔隙结构的相关性分析

Langmuir 体积 V_L 和孔体积、比表面积的相似度		Langmuir 压力 p_L 和孔体积、比表面积的相似度	
关联指标	相似度	关联指标	相似度
$Y_1 A_1$	0.210 9	$Y_2 A_1$	$-0.621\ 1$
$Y_1 A_2$	0.292 5	$Y_2 A_2$	$-0.639\ 7$
$Y_1 B_1$	0.218 7	$Y_2 B_1$	$-0.626\ 0$
$Y_1 B_2$	0.246 5	$Y_2 B_2$	$-0.613\ 4$
$Y_1 C_1$	0.271 8	$Y_2 C_1$	$-0.648\ 0$

表 2-7（续）

Langmuir 体积 V_L 和孔体积、比表面积的相似度		Langmuir 压力 p_L 和孔体积、比表面积的相似度	
关联指标	相似度	关联指标	相似度
Y_1C_2	0.626 1	Y_2C_2	$-0.734\ 0$
Y_1D_1	0.183 2	Y_2D_1	$-0.573\ 3$
Y_1D_2	0.149 7	Y_2D_2	$-0.544\ 3$
Y_1E_1	0.100 7	Y_2E_1	$-0.550\ 7$
Y_1E_2	0.124 6	Y_2E_2	$-0.518\ 2$

从表 2-7 可以看出,煤中的微孔、小孔与 Langmuir 吸附特征参数的相关性整体上大于中孔、大孔,说明微孔、小孔是影响甲烷吸附的关键。同时,从各类孔隙与 V_L 的相关性来看,比表面积的影响整体上大于孔体积的影响,可见,煤的比表面积决定了其甲烷吸附能力的大小。高突煤层内微孔和小孔的比表面积越大,煤体对甲烷的吸附能力越强。对煤的孔隙参数分别与 p_L 和 V_L 的相关性进行比较,可以发现,孔隙参数与 p_L 的相关度普遍较高,因而煤的孔隙结构对吸附甲烷速度的影响更为显著。而小孔的比表面积、孔体积与 p_L 的相关性大于微孔,所以小孔是影响煤吸附甲烷速度的主要因素。高突煤层中小孔所占的比例越高,p_L 越小,煤体在较低的压力下就能吸附大量甲烷。

综上所述,随着变质程度的增加,煤体的最大甲烷吸附量呈现出先减小后增大的变化趋势,而对甲烷的吸附能力呈现出逐渐增大的变化趋势;高突煤层的变质程度普遍较高,对甲烷的吸附能力较强,而且最大吸附量较高,这是由于煤中微孔、小孔的比表面积较多所致;同时,高突煤层吸附甲烷的速度较快,并且更加容易吸附饱和,这与小孔的含量较多有关。

2.4　高突煤层对水射流冲击的响应

煤层中瓦斯的吸附与扩散主要发生在微孔和小孔中,而渗流主要发生在中孔和大孔内[95,113]。上文研究表明,高突煤层的孔隙结构以半开放性微孔和小孔为主,开放性中孔和大孔较少,孔隙之间连通性较差,使得煤体对瓦斯的吸附能力较强、煤层中的瓦斯含量较高而渗透率较低。因此,高突煤层中的瓦斯难以有效抽采,发生突出的危险性较大。

近年来,水射流卸压增透技术以其高效的煤层改性作用,逐渐成为我国高突煤层提高瓦斯抽采率、消除突出危险性的主要措施之一[21,95-96]。通过利用水射流切割破坏煤体,可以有效卸除煤体应力、促进煤层裂隙发育,从而增加瓦斯流动通道,提高煤层的渗透率。同时,水射流冲击会对煤体的孔隙结构产生显著影响,使得瓦斯吸附能力降低,渗流空间增加,大量吸附瓦斯更易抽出。文献[114-115]在钻孔水射流割缝试验的基础上,对距离钻孔 0.5~8.0 m 范围内的煤样进行孔隙结构分析,结果表明,水射流作用后周围煤体的孔隙结构发生改变,小孔所占的比例减小、中孔和大孔所占的比例增大,并且水射流对煤体的影响随着距离的增加而逐渐减弱。为了分析水射流对高突煤层孔隙特征的影响,本节对水射流冲击前后煤体的孔隙分布进行实验研究。

2.4.1　实验准备及方法

为了分析水射流对低透煤层孔隙特征的影响,在部分矿井采集了不同变质程度的大块低透气性煤层煤样制成 $\phi 50$ mm×100 mm 的标准原煤试块。为了对比高突煤层煤样在水射流冲击前后的孔隙变化,需要采用无损方式对其孔隙结构进行检测,核磁共振技术(NMR)可以满足这一要求。煤样的孔隙测试采用纽迈公司 MMR 型低场核磁共振分析仪,对不同煤样的 T_2 谱信号幅值进行测定。低场核磁共振的信号来源为水中的氢原子,当煤样中的孔隙被水充满时,核磁共振测得的信号强度即可表征其孔隙率[116]。另外,根据核磁共振的弛豫机制可知[117],煤体中不同类型孔隙对应的横向弛豫时间 T_2 不同,煤体孔隙尺寸越大,对应的弛豫时间越长,因而可以根据煤样的 T_2 分布位置判断其孔隙类型;而 T_2 分布的波峰面积反映了孔隙或裂隙的数量,波峰宽度和连续情况则可以反映孔隙的连通特性。

实验按以下步骤进行:① 对煤样进行连续饱水 12 h,使水充分进入煤体内的孔隙中;② 饱水完成后,立即对饱水煤样进行核磁测试,得到冲击前的 T_2 分布;③ 测试结束后,使用 10 MPa 水射流连续冲击煤样 60 s,冲击靶距 100 mm,并收集破碎煤样;④ 将水射流冲击后的煤样再次饱水 12 h;⑤ 饱水完成后,立即对破碎煤样进行核磁测试,得到冲击后的 T_2 分布。

2.4.2　实验结果及分析

图 2-17 是 3 种煤样在水射流冲击后的实物图,可以看出煤样在冲击后破碎分裂成若干部分,部分煤样的破碎程度较小,但多数煤样的破碎程度较高。

不同煤样在水射流冲击前后的 T_2 测试结果如图 2-18 所示。从图中可以看出,不同煤样在冲击前的 T_2 分布特征明显不同,这是由于其变质程度和孔隙结构的差异导致[118]。所有测试煤样的 T_2 分布均以两个波峰为主,分别对应的弛豫时间为 1~10 ms 和 20~200 ms,且两个峰值信号差异较大,表明高突煤层煤样的孔隙较为致密、连通性差[119];随着煤样变质程度的增加,煤样的第二峰面积逐渐减小,且两个波峰间的连续性逐渐减弱,说明煤样的连通性变差。

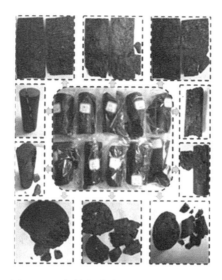

图 2-17　水射流冲击破坏原煤试块效果

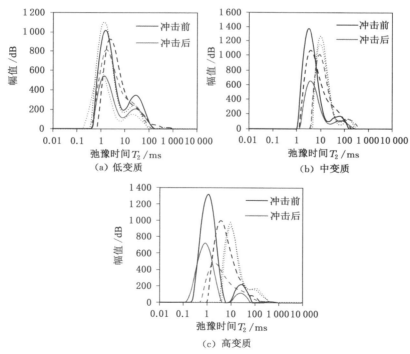

图 2-18　水射流冲击原煤前后的 T_2 分布

文献[120]依据 T_2 分布对煤体的孔隙结构进行了划分,其中,弛豫时间小于 10 ms 的为微孔和小孔,10～100 ms 的为中孔和大孔,大于 100 ms 的为裂隙。从图 2-18 可以看出,所测煤样靠近左侧的波峰面积较大,且弛豫时间均小于 10 ms,表明其孔隙结构以微小孔为主;而第二个波峰的弛豫时间多处于10～100 ms,且波峰面积较小,说明中大孔在突出煤层中的占比较少;同时,3 种煤样在弛豫时间大于 100 ms 后没有出现明显峰值,说明煤样内部裂隙较少或者基本不含裂隙。水射流冲击后煤样的信号幅值普遍减弱、弛豫覆盖范围增大,且在弛豫时间 1～100 ms 之间较为显著,表明水射流的冲击作用在一定程度上会使煤样的孔隙结构发生改变,造成微、小孔的含量减少,中孔和大孔的含量增加。

由于高突煤层的吸附瓦斯能力与其孔隙结构密切相关[121],因而水射流作用后其吸附解吸特性也会发生相应变化。前文研究表明,微、小孔的比表面积是决定高突煤层瓦斯吸附能力的关键,水射流作用后煤体内部的微、小孔减少,导致煤体对瓦斯的吸附能力减弱。同时,小孔作为影响瓦斯吸附速度的主要因素,在水射流冲击后致使煤体在相同压力下的瓦斯吸附量减少。另外,中、大孔作为瓦斯的渗流通道,在水射流冲击后所占比例增加,使得瓦斯更易从孔隙运移到裂隙中。

综上所述,水射流对高突煤层的冲击作用改善了煤体的孔隙结构,使得煤体的吸附能力减弱,瓦斯更易从吸附状态转变为游离状态,同时,渗流通道的增多加快了瓦斯从孔隙向裂隙的渗流,可以提高煤层瓦斯的抽采速率,证明水射流技术有利于降低煤层瓦斯含量、消除突出危险性。

2.5　本章小结

本章以华北聚煤区内的高突煤层为研究对象,选取不同煤阶的煤样进行对比分析,研究了高突煤层的孔隙结构和吸附特征,分析了水射流冲击对煤层的影响,得到以下结论:

(1)华北聚煤区内的突出煤层多为高变质煤,在显微组分中镜质组含量高,在工业组分中固定碳含量较多、水分和挥发分含量较少。

(2)高突煤层的孔隙发育程度较低,孔间连通性较差,结构较为密实,其孔隙率和渗透率均显著低于非突煤层,使得瓦斯运移困难。一方面,以半开放性微、小孔为主的孔径分布为高突煤层提供了丰富的瓦斯储存空间;另一方面,孔体积占比仅为 18.03% 的中、大孔难以为高突煤层内的瓦斯提供足够的渗流通道,使得高突煤层的瓦斯含量较高且难以抽采。

(3)高突煤层的最大甲烷吸附量较高,对甲烷的吸附能力较强,并且在较低的压力下就能吸附大量甲烷,导致煤层瓦斯抽采困难、突出危险较大。采用 3 种理论模型拟合得到的吸附特征参数反映出相似的结果,不同模型对高突煤层的拟合度从大到小依次为 D-A 方程、Langmuir 方程、BET 方程。采用曲线相似度法分析了孔隙特征对甲烷吸附的影响,结果表明,高突煤层内微、小孔的比表面积决定了其甲烷吸附能力,微、小孔的比表面积越大,煤体对甲烷的吸附能力越强,而小孔所占的比例越高,煤层吸附甲烷的速度越快,并且更加容易吸附饱和。

(4)水射流对高突煤层的冲击作用改善了煤体的孔隙结构,使得煤中微、小孔的含量减少,中、大孔的含量增加。高突煤层孔隙结构的变化促使其吸附能力减弱,瓦斯更易从吸附状态转变为游离状态,而渗流通道的增多加快了瓦斯从孔隙向裂隙的渗流,表明水射流可以提高煤层瓦斯抽采速率、降低煤层瓦斯含量、消除突出危险性。

第3章 水射流的结构与流场特征

水射流技术在使用时主要以切割、冲蚀为主,射流结构对切割、冲蚀能力有显著影响[122-123]。喷嘴作为水射流装置的核心元件,可以把高压水的压力能转换为水的动能,将水射流的能量集中喷出。水射流以一定速度从喷嘴射出后,与周围空气形成速度不连续的间断面,在射流边界发展成涡旋并引起紊动,气体不断被卷吸到射流中,使得射流不断扩大。由于水射流与周围空气的相互作用,射流的速度不断降低,随着射流的发展,射流逐渐消散,直至完全散开。根据雷诺数的大小,可以将水射流分为层流射流和紊动射流。煤矿采用的水射流多数是从圆形喷嘴中射出的,由于流速较大,雷诺数较高(>2 300),因而矿用水射流属于典型的圆形紊动射流。为了深入研究水射流的流场分布与形态结构特性,本章在理论分析射流结构与速度分布的基础上,借助高速摄像技术,同时运用 COMSOL 数值模拟软件,研究了圆形喷嘴水射流流场及形态结构特征。

3.1 水射流冲击高速摄像实验系统

水射流具有较快的流动速度,一直以来观察射流的瞬时结构都较为困难。近年来随着高速摄像技术的发展,高速运动物体的瞬时形态捕捉成为可能。为了开展水射流结构和流场相关内容研究,搭建了水射流冲击高速摄像实验系统(图 3-1),主要由高速摄像系统、高压液体供给系统、水射流发生与调节系统 3 个子系统构成。实验系统组成及工作参数如表 3-1 所示。采用水射流冲击高速摄像实验系统捕捉不同压力水射流的局部特征,并对水射流结构进行分析。

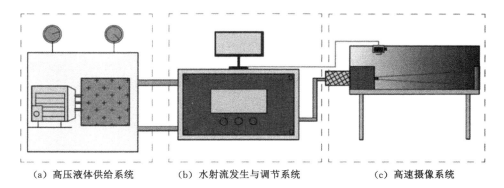

（a）高压液体供给系统　　（b）水射流发生与调节系统　　（c）高速摄像系统

图 3-1　水射流冲击高速摄像实验系统示意图

表 3-1　实验系统组成及工作参数

实验子系统	组成部分	工作参数
高速摄像系统	Phantom® 系列高速数字摄像机	最大分辨率为 1 024 像素×1 024 像素，最高拍摄速度为 140 000 帧/s
	计算机	通过 Phantom Camera Control Application 软件对实验结果进行剪辑处理
高压液体供给系统	乳化液柱塞泵站	额定压力为 31.5 MPa，额定流量为 200 L/min
	水箱	容量 1 500 L
	压力调节阀	调节范围 0～50 MPa
	流量调节阀	量程为 0～220 L/min
	智能涡街流量计	
水射流发生与调节系统	射流器	喷嘴直径 2 mm
	支撑架	
	耐高压水管	耐压强度 55 MPa

3.2　水射流的结构和流场模型

　　水射流经喷嘴射出，喷嘴将水流的压力能转化为动能和少量内能，水流受到外界流体的作用，发生能量和动量的交换，产生微小的速度差，导致两种流体之间形成速度不连续的间断面，当受到外界干扰时会产生波动，射流边界形成局部旋涡，使得射流主体段逐渐缩小，射流携带的能量减小，冲蚀、切割能力减弱。水射流的流动结构比较复杂[124-128]。笔者认为可以将水射流大致分为初始段、过渡段、基本段、消散段,如图3-2所示。

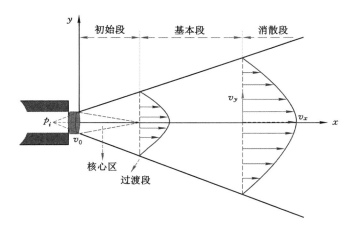

图3-2　水射流形态结构示意图

水射流边界受到周围流体影响形成连续旋涡,旋涡逐渐发展至射流中心的区域为剪切层,剪切层内的水射流未受紊动的影响保持原始初速度 v_0,该区域称为射流核心区。随着射流发展,射流头距喷嘴的间距增大,核心区垂直于轴向的截面面积逐渐减小直至完全消失,沿射流方向从喷嘴出口至射流核心区末端的区域称为初始段,这一部分射流能量最集中,在工程应用中用于材料切割。随着射流的发展,射流全断面都受到紊动影响的区域称为基本段或射流完全发展区域,这一部分动压力和速度均在射流轴心处达到最大值,工程中用于表面加工、清洗或除锈。在初始段与基本段之间存在极短的一段称为过渡段,射流速度分布在该区域内重新平衡。射流结构中的最后一段称为消散段,这一部分射流卷入大量的空气,射流断面与空气介质完全混合,射流被雾化,动压力和射流速度均很小,通常用于降温除尘。射流外边界的交点为射流极点,射流流束相当于由射流极点向外扩散,射流外边界的夹角就是射流的扩散角。

在水射流中,将水视为连续不可压缩的流体,在喷嘴进出口两断面运用伯努利方程可以得到:

$$v_0 = \varphi \sqrt{\frac{2p_0}{\rho_w}} \tag{3-1}$$

式中,v_0 为射流初速度,m/s;p_0 为射流压力,MPa;ρ_w 为水的密度,kg/m³;φ 为速度系数,取 $0.98 \sim 1$。

对应射流流量为：

$$Q = A v_0 = \frac{1}{4} \pi D^2 \varphi \sqrt{\frac{2 p_0}{\rho_w}} \qquad (3-2)$$

式中，A 为喷嘴断面面积，m^2；Q 为射流流量，m^3/s；D 为喷嘴直径，m。

射流动能为：

$$E = \frac{1}{2} \rho_w Q v_0^2 = \frac{1}{4} \pi D^2 \varphi^3 \sqrt{\frac{2 p_0^3}{\rho_w}} \qquad (3-3)$$

由上式可知，当喷嘴确定时，射流的流速、流量只与射流压力相关，通过增加射流压力可以提高射流速度。此外，射流动能也与水泵提供的压力有关，水压越大，射流获得的能量越大。前人研究表明，圆形紊动射流在各断面上射流速度分布显示出相似的性质，即轴线上流速最大，沿径向向外流速减小。取射流轴线方向为 x 轴，垂直于轴线方向为 y 轴，设轴线方向射流速度为 v_x，径向方向射流速度为 v_y，则射流流速分布可看作高斯分布：

$$\frac{v_y}{v_x} = \exp\left[-\left(\frac{y}{b}\right)^2\right] \qquad (3-4)$$

式中，b 为射流断面的半径，m。忽略重力以及摩擦能耗，则各截面动量守恒：

$$\int_A \rho_w v^2 \mathrm{d}A = \frac{1}{4} \rho_w v_0^2 \pi D^2 \qquad (3-5)$$

将式(3-4)代入式(3-5)，并忽略流体密度变化，可以得到：

$$\int_0^1 \frac{v_y^2}{v_x^2} \frac{y}{b} \mathrm{d}\frac{y}{b} = \frac{1}{8} \frac{v_0^2}{v_x^2} \frac{D^2}{b^2} \qquad (3-6)$$

由于射流边界呈线性扩张，所以：

$$b = Cx \qquad (3-7)$$

式中，常数 $C = \tan\theta$，θ 为水射流的扩散角，$(°)$。由式(3-7)可知，射流半宽度 b 沿射流轴向 x 是逐渐增加的，因此可以看出圆形紊动射流具有扩散性。将式(3-7)代入式(3-6)，得：

$$\frac{v_x}{v_0} = \frac{\mathrm{e}}{C\sqrt{2(\mathrm{e}^2 - 1)}} \frac{D}{x} \qquad (3-8)$$

令 $v_x = v_0$，则射流初始段长度 S 为：

$$S = \frac{\mathrm{e}D}{C\sqrt{2(\mathrm{e}^2 - 1)}} \qquad (3-9)$$

考虑核心区内轴线速度不变，并将式(3-1)代入式(3-8)，则射流在轴线上的速度分布可以表示为：

$$\begin{cases} v_x = \varphi \sqrt{\dfrac{2p_0}{\rho_w}} & x \leqslant S \\[4mm] v_x = \dfrac{\varphi \mathrm{e} D}{Cx} \sqrt{\dfrac{2p_0}{\rho_w(\mathrm{e}^2 - 1)}} & x > S \end{cases} \qquad (3\text{-}10)$$

3.3　水射流的结构和流场模拟

3.3.1　数值模拟模型

受到周围环境的影响,射流喷出后结构及速度发生变化,为了更好地研究非淹没情况下射流结构特征及速度分布,运用 COMSOL Multiphysics 有限元分析模拟软件,建立了非淹没水射流流动模型。采用两相流-水平集 k-ε 模型对水射流进行模拟,模拟时将圆柱形喷嘴简化为二维平面模型,喷嘴直径和长度均为 2 mm,建立 60 mm×80 mm 充满空气的箱体作为射流空间,喷嘴位于箱体下部且垂直于下边界,如图 3-3 所示。

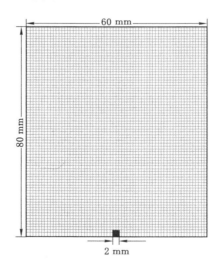

图 3-3　射流物理模型

在工况设置中,首先将箱体模拟区域设置为空气,喷嘴内部充满水,射流由底部向上喷出,然后设置喷嘴为速度入口,箱体两侧为压力出口,其他边界为无滑移壁面。由于射流过程两相介质的流动不规则、稳定性差,因此射流属于湍流流动,模块选择湍流模型,设置稳态求解。最后将射流压力分别换算为对应的速度值进行数值模拟。

3.3.2　模拟结果

取射流压力为 2~16 MPa(间隔 2 MPa),得到不同压力下射流形态云图,如图 3-4 所示。由图 3-4 可知:水射流自喷嘴喷出时是连续的,随着射流进一步喷射,流束周围产生水雾,这是由于射流在喷出后与空气介质产生摩擦,气、液两相流体之间产生黏性阻力作用,并发生能量交换;在出口附近为射流初始段,核心速度较高,随后射流进入基本段,其主体能量逐渐降低,边缘速度逐渐减小,水射流也逐渐由集中变得发散。从图中还可以看出,射流压力为 2~8 MPa 时,射流扩散角随射流压力的增加而增大,射流压力大于 8 MPa 后,射流扩散角变化不明显,整体形态趋于稳定,不再受射流压力影响。水射流压力为 8 MPa 时对应雷诺数为 2.2×10^5,根据前人的研究,雷诺数大于 2.2×10^5 后,射流形态与射流压力无关,仅与选择的喷嘴形状及加工精度相关[123]。

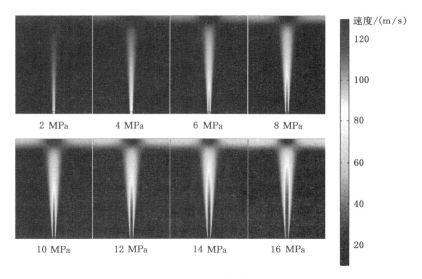

图 3-4　不同压力下水射流形态云图

以射流压力 8 MPa(射流速度 124.07 m/s)为例,从模拟结果中分别提取距喷嘴 10 mm、20 mm、30 mm、40 mm、50 mm、60 mm 断面的射流速度数据,得到不同断面射流速度分布如图 3-5(a)所示。从图 3-5(a)可知:在射流沿程上,不同断面水射流速度衰减程度不同,距离喷嘴越近,射流中轴线速度降低越快;同一断面水射流随着距喷嘴距离的增加,射流径向速度逐渐减小;射流在中轴线上的速度最大,随射流发展逐渐向两侧扩展,速度逐渐降低。原因主要可归结于两点:① 水射流喷出后一小段距离(即初始段)能量较集中,射流集束性强,射流速度几乎与出口速度相同,随着射流的发展,射流与周围空气介质不断接触作用而

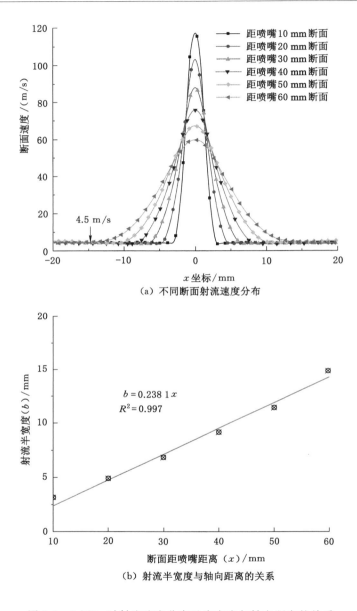

图 3-5 8 MPa 时射流速度分布及半宽度与轴向距离的关系

导致能量持续耗散,相应速度降低;② 空气介质对射流会产生卷吸作用,水射流与空气介质之间会由于卷吸作用形成一层致密的水雾,随着射流距喷嘴距离的增大,水雾层逐渐增厚。工业实践中,常将射流受空气卷吸作用影响的部分用于对工件的清洗、除锈，或者表面抛光及修整加工等。从图 3-5(a) 还可以看出：圆形紊动射流在各断面流速分布相似，具有自模性，在轴线附近射流速度较快，沿径向方向射流速度迅速下降，各断面速度分布可视为高斯分布，与式(3-4)描述一致；沿流径向一段距离后，各射流断面速度均降至 4.5 m/s 左右，该速度为射流形成的水雾速度，因而可将射流由喷嘴轴线至边缘速度 4.5 m/s 处的径向距离视为有效作用半径。由图 3-5(b)可知，随着射流顶端到喷嘴距离的增加，射流半宽度也线性增大，与式(3-7)所述一致。

　　提取不同压力水射流在轴线上的速度数据，结果如图 3-6 所示。由图可知：射流在轴线上的速度分布也具有相似性，出口压力越大，轴线上的速度越大，沿射流轴线方向速度降低越快；不同压力的水射流从喷嘴喷出后有一段等速区，其内射流速度与出口速度相等，故该区域为射流核心段，因此不同压力水射流的核心段长度相等，约为 4 mm，在工程实践中，可以充分利用核心段射流速度大、能量集中的特点，对煤岩或金属进行高效切割、冲蚀，提高作业效率；随着水射流的进一步发展，射流轴线速度逐渐降低，表明射流受周围空气影响进入基本段，且出口压力越大，轴线流速降低越快；图中轴线速度呈"波浪式"减小，考虑是由于水射流与气体之间发生相互混掺，导致两种流体间形成速度不连续的间断面，即边界层所致。整体来看，不同压力水射流的轴线速度分布均具备分段函数特性，速度大小是出口压力和距离的函数，与式(3-10)描述一致。

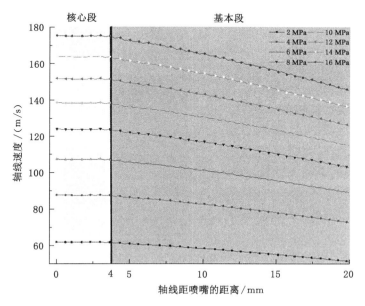

图 3-6　不同压力水射流轴线流速

3.4   水射流的结构和流场实验

采用水射流冲击高速摄像实验系统,成功捕捉到不同压力水射流的局部特征和作用过程(图 3-7)。实验结果表明:水射流自喷嘴喷出后开始发散,不同出口压力下射流变化形态一致,均表现为射流半宽度随距离增加而均匀增大,与式(3-7)及模拟结果类似;水射流的扩散角随压力不同有所变化,当射流出口压力较小时,扩散角随压力增加逐渐增大,在压力增大到 8 MPa 后趋于稳定,这是不同压力水射流与周围空气产生的卷吸效应所致。因水射流发展过程中气、液两相流体之间会产生一系列卷吸旋涡,而旋涡面积随射流速度增加逐渐增大,导致射流扩散角增加;在射流压力大于 8 MPa 后,两相流体间的相对速度较高,使得旋涡面积的增量不再显著,因而扩散角趋于稳定。

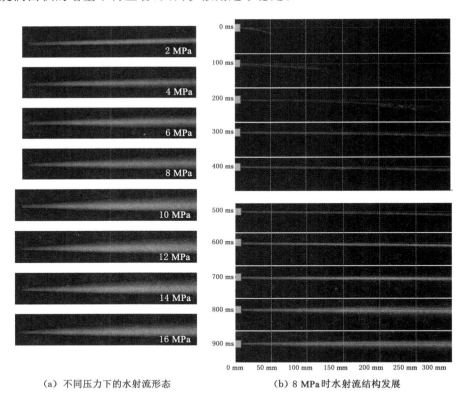

(a) 不同压力下的水射流形态   (b) 8 MPa 时水射流结构发展

图 3-7   高速摄像实验结果

从高速摄像结果中提取不同压力射流边界扩散角进行拟合,拟合曲线服从 Logistic 函数,结果如图 3-8 所示。从图中可以看出,水射流压力较小时,射流形态所受影响显著,随着射流压力的增大,射流的扩散角逐渐增大。当压力为 2 MPa 时,水射流通过 2 mm 直径的圆形喷嘴喷出的射流扩散角为 1.4°,当压力由 4 MPa 依次增加到 16 MPa 时,射流扩散角分别为 2.8°、3.4°、4.1°、4.1°、4.1°、4.2°、4.2°,由此可知,射流压力较小时,扩散角度增长率较高,随着压力增大扩散角趋于一个稳定值。当压力达到 8 MPa 时,继续增大压力,射流扩散角变化不明显,射流压力大于 8 MPa 后,射流形态仅取决于喷嘴的形状或加工精度。可见,8 MPa 射流压力是影响射流形态结构的一个临界压力点。

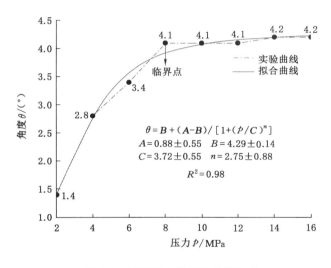

图 3-8 不同压力射流边界扩散角

进一步设定射流压力为 8 MPa,分析射流在 100 ms 间隔内的结构变化过程,结果如图 3-7(b)所示。由结果可知:射流形成之初,射流头开始出现,初始段尚未形成,射流偏转角约为 15°,射流轴向距离约为 50 mm;100 ms 后,射流喷射距离延至 120 mm 左右,且前端结构完全形成,核心区逐步稳定,过渡段迅速变化,射流偏转角约为 10°;直到 300 ms 后,射流流束全部形成,初始段和过渡段趋于稳定,射流方向受到重力影响存在微小的偏转;700 ms 后可以明显看到射流流束周围产生水雾,这是由于射流基本段受到不稳定剪切层以及表面张力的影响卷入大量空气,射流全断面与空气介质紊动混合,射流流束被雾化。由于水射流在形成时需要一定的时间积累,因而在其切割、冲蚀煤岩体初始会有约 300 ms 的冲击滞后;在 300~700 ms 主体结构形成,射流作用效果最强;而在

700 ms 之后整体结构趋于稳定,但边缘雾化导致能量有所降低。

3.5　本章小结

水射流的流场及形态结构特征对其切割、冲蚀能力有决定性影响。本章采用理论计算、数值分析与实验研究相结合的方法,对圆形喷嘴水射流进行了研究,得到以下结论:

(1)圆形喷嘴水射流的结构可以分为初始段、过渡段、基本段和消散段,初始段和基本段是其切割、冲蚀的主要作用区。

(2)圆形紊动射流具有扩散性,射流扩散角在压力大于 8 MPa 后趋于稳定,此时射流形态仅与喷嘴形状及加工精度相关;射流轴线速度分布均具备分段函数特性,速度大小是出口压力和到喷嘴距离的函数;射流断面速度分布具有自模性,各断面速度分布可视为高斯分布。

(3)水射流压力是影响其流场及形态结构特征的重要参数,水射流轴线速度随压力增加逐渐增大,不同压力射流的核心段长度相等,约为 4 mm;基本段的轴线速度受边界层影响呈"波浪式"减小。

(4)水射流在切割、冲蚀煤岩体初始会有约 300 ms 的冲击滞后;在 300～700 ms 主体结构形成,射流作用效果最强;而在 700 ms 之后整体结构趋于稳定,但边缘雾化导致能量有所降低。

第4章 钻孔内水射流的流动特性

水射流的冲击特性是其在钻孔卸压增透措施中广泛应用的基础。靶体的表面形状决定着水射流冲击时的流态,对水射流的冲击特性影响显著[84,122]。目前,针对水射流冲击特性的研究多是基于射流冲击平面而得,有关水射流冲击钻孔的研究鲜有报道,现有成果难以准确描述发生在钻孔内的水射流冲击过程。为了研究水射流对钻孔表面的冲击特性,本章采用实验研究、理论分析和数值计算相结合的方法,通过研究水射流的流体特征及其在钻孔表面的流速和压力分布,对比分析水射流冲击平面和冲击钻孔表面的异同,明确出口压力和淹没状态对钻孔水射流的影响,为钻孔内的水力化措施提供理论支撑。

4.1 钻孔内水射流的流动特性

水射流冲击煤岩体表面的瞬间,会在液-固接触面产生紊流、旋涡和反射现象,导致射流的几何结构、速度分布和应力分布发生改变,这些变化是研究水射流冲击破煤岩机理的关键。

4.1.1 水射流冲击平面的流态

图 4-1 为不同压力水射流冲击平面的瞬间流态和在 200 ms 时的稳定流态。从图中可以看出,水射流冲击平面时的流动可以分为 3 个区域:① 在冲击平面靶体前,水射流的流动特性与自由射流相同;② 在冲击接触面时,水射流发生了明显的弯曲,流动方向由垂直于接触面转变为平行于接触面,由此产生了较大的压力梯度;③ 在冲击平面之后,水射流以一定速度沿接触面流动,流动特性与壁面射流相同。这与文献[124]提出的冲击射流结构一致。从图 4-1 中可以发现:不同压力水射流冲击平面瞬间的流体形态相似,随着射流压力的增加,水射流冲击后沿接触面反射的角度不断增大;在射流压力大于 8 MPa 后,水射流的形态变得稳定,但冲击后流体反射的角度仍不断增加,说明水射流在接触面反射角度与射流的速度和流量有关。在水射流冲击平面 200 ms 时,流体形态已经较为稳定。对比图 4-1(a)和(b)可以看出,稳定流态的水射流在接触点上方形成了一个较厚的"水垫",这是由射流冲击平面后的反射流体与后方的自由射流撞

击产生,"水垫"的存在使得流体沿接触面反射的角度较冲击瞬间增加。

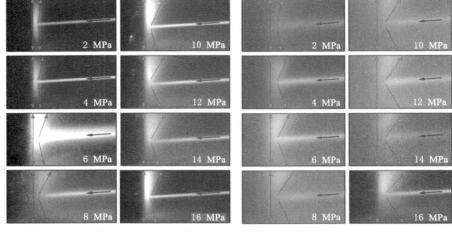

（a）水射流冲击平面的瞬间流态 　　（b）水射流冲击平面 200 ms时的稳定流态

图 4-1　不同压力水射流冲击平面的瞬间流态和在 200 ms 时的稳定流态

　　将不同压力水射流冲击平面瞬间和冲击 200 ms 时的高速摄像照片数字化,并提取出水射流反射角度,得到如图 4-2 所示的不同压力水射流反射角度分布图。从图中可以看出:水射流冲击瞬间,随着射流压力的增加,反射流体覆盖的面积增大,水射流反射角度从 $90°\sim99.8°$ 逐渐增加到 $90°\sim118.8°$;水射流冲击 200 ms 时,随着水射流压力的增加,反射流体覆盖的面积增大,水射流反射角度从 $90°\sim108.5°$ 逐渐增加到 $90°\sim130.8°$。水射流在稳态时的反射角度平均较瞬态时大约 $10°$。

　　对图 4-2 中反射流体边界的散点图进行拟合,得到水射流冲击平面的反射角分布函数:

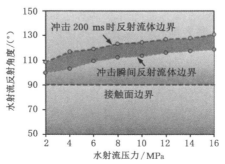

图 4-2　不同压力水射流反射角度分布

$$\begin{cases} \alpha = 9.58\ln\,p_0 + 92 & R^2 = 0.980\,1 \quad 瞬态 \\ \alpha = 10.16\ln\,p_0 + 101 & R^2 = 0.989\,6 \quad 稳态 \end{cases} \qquad (4\text{-}1)$$

式中，α 为水射流冲击平面后的反射角，($°$)；p_0 为水射流压力，MPa。该公式的拟合方差 $R^2 \geqslant 0.98$，表明其具有较高的可信度。

4.1.2　水射流冲击钻孔的流态

为了分析水射流冲击钻孔表面的流体形态和结构特征，制作了半圆形弧面试件，模拟水射流冲击钻孔的过程。图 4-3 和图 4-4 分别为不同压力水射流冲击钻孔表面的瞬间流态和在 200 ms 时的稳定流态。从图中可以看出，水射流冲击钻孔表面时的流态可以分为 4 个区域：① 在冲击钻孔靶体前，水射流的流动特性与自由射流相同；② 在冲击钻孔内接触面时，水射流发生了显著的弯曲，流动方向由垂直于接触面转变为沿钻孔表面运动，由此产生了较大的压力梯度；③ 在冲击钻孔内接触面之后，水射流以一定速度沿钻孔流动；④ 在钻孔边界处，水射流以一定角度射出，反射流体的外部边界为边界 1，内部边界为边界 2。

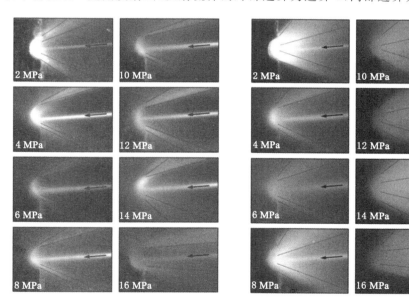

图 4-3　不同压力下水射流冲击　　　　图 4-4　不同压力下水射流冲击
钻孔表面的瞬间流态　　　　　　　钻孔表面 200 ms 时的流态

从图 4-3 中可以发现：不同压力水射流冲击钻孔表面瞬间的流体形态相似，受钻孔几何形状影响，水射流的反射角度明显大于冲击平面的反射角度；随着水射流压力的增加，水射流的反射角度不断增大，反射流体的面积也增大。在水射流冲击钻孔表面200 ms时,水射流的形态已经稳定。对比图4-3和图4-4可以发现,在水射流冲击瞬间即在接触点产生一个"水垫",冲击稳定后,接触面上方的"水垫"厚度增加,使得反射流体的面积增大。

将不同压力水射流冲击钻孔表面瞬间和冲击200 ms时的高速摄像照片数字化,并提取出反射流体两条边界的角度,分别得到如图4-5和图4-6所示不同压力条件下的水射流冲击瞬间和冲击200 ms时反射角度分布图。从图中可以看出:水射流冲击瞬间,随着水射流压力的增加,反射流体覆盖的面积逐渐增大,水射流反射角度从144.9°~156.2°逐渐增加到148.1°~174.2°;而水射流冲击200 ms时,随着水射流压力的增加,水射流反射角度逐渐增大,但反射流体覆盖的面积变化不大。对比图4-5和图4-6可以发现,水射流冲击钻孔表面达到稳态时,反射流体边界1的角度较瞬态时减小,而边界2的角度基本不变。对图4-5中反射流体边界的散点图进行拟合,得到水射流冲击钻孔表面的瞬态反射角分布函数:

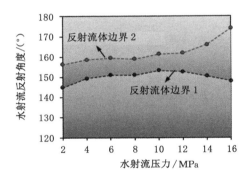

图4-5　不同压力条件下水射流冲击瞬间反射角度分布

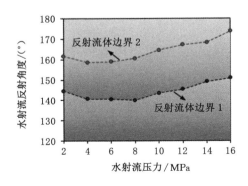

图4-6　不同压力条件下水射流冲击200 ms时反射角度分布

$$\begin{cases} \alpha_1 = -0.53p_0^2 - 5.21p_0 + 140 & R^2 = 0.939\ 2 \quad \text{边界 1} \\ \alpha_2 = 0.46p_0^2 - 2.09p_0 + 160 & R^2 = 0.923\ 4 \quad \text{边界 2} \end{cases} \tag{4-2}$$

对图 4-6 中反射流体边界的散点图进行拟合,得到水射流冲击钻孔表面的稳态反射角分布函数:

$$\begin{cases} \alpha_1 = 0.49p_0^2 - 3.15p_0 + 146 & R^2 = 0.924\ 4 \quad \text{边界 1} \\ \alpha_2 = 0.43p_0^2 - 1.91p_0 + 162 & R^2 = 0.951\ 9 \quad \text{边界 2} \end{cases} \tag{4-3}$$

式中,α_1 为水射流冲击钻孔表面后反射流体边界 1 处的反射角,(°);α_2 为水射流冲击钻孔表面后反射流体边界 2 处的反射角,(°);p_0 为水射流压力,MPa。该公式的拟合方差 $R^2 \geqslant 0.92$,表明其具有较高的可信度。

4.2　出口压力对钻孔水射流的影响

高压水射流冲击接触面后产生的反射流是一种受限区域的贴服型射流,根据接触面条件的不同,会出现贴服接触面的射流以及与贴服射流呈一定角度的反射射流。图 4-7 为不同压力水射流冲击不同接触面的速度云图,可以看出射流的出口压力和接触面形态对射流的冲击流场有显著影响,水射流射出冲击到不同接触面,均会产生明显的反射流体,且反射流覆盖的区域随压力增加而不断增大。

对比水射流冲击平面和模拟钻孔曲面的模拟结果可以发现:水射流在冲击曲面时反射流更加稳定,反射流呈集中的束状,并且沿接触面方向射出;而在冲击平面时,水射流的反射流呈扇形发散,除了在接触面方向也存在束状反射流之外,在射流核心段附近也有流速分布。这可能是因为水射流在冲击曲面时流体更集中,大部分流体沿接触面方向射出,在离开接触面时才开始出现反射流。此外,水射流冲击平面时,流体在冲击力作用下四处飞溅,反射流不仅覆盖的区域更大,飞溅的射流也与空气发生卷吸效应,导致出现两类流速在流场中相互影响的现象。

模拟结果表明接触面形状对水射流流场有显著影响,射流在冲击钻孔时流场更加集中,流体不易发生分散。为了更好地用数据表示流场的变化,采用后处理软件在速度云图上提取其等值线,利用等值线在不同云图中划分出反射流覆盖的区域,并在图 4-7 中用箭头表示反射流方向及边界。可以发现,水射流在冲击接触面形成反射流后主要有两段边界线:一段是沿接触面角度的贴服射流段,一段是与贴服射流段呈明显夹角的反射流段。图 4-8 为不同出口压力下水射流冲击两种接触面的反射流角度分布,可以看出反射流角度随出口压力变化呈非线性增长,以二次函数进行数据拟合,可以得到水射流冲击平面和钻孔表面(曲面)的反射流角度变化公式:

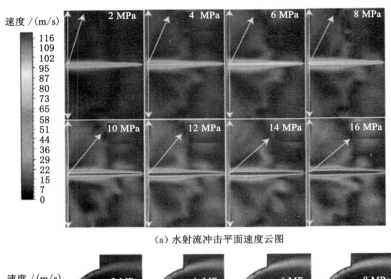

（a）水射流冲击平面速度云图

（b）水射流冲击曲面速度云图

图 4-7　不同压力下水射流冲击不同接触面速度云图

$$平面：\alpha_p = 13.36 + 2.04p_0 + 0.02p_0^2 \quad R^2 = 0.989\,3$$
$$曲面：\alpha_c = 0.53 + 3.42p_0 - 0.1p_0^2 \qquad R^2 = 0.989\,7$$

（4-4）

式中，α_p 为冲击平面反射流角度，（°）；α_c 为冲击曲面反射流角度，（°）；p_0 为出口压力，MPa。相关拟合方差 R^2 均大于 0.98，表示以该函数拟合的结果可靠。

此外，水射流的轴线流速代表了其包含动能的大小，也是影响冲击力的重要因素之一。将模拟结果中不同压力水射流冲击两类接触面的轴线流速数据导

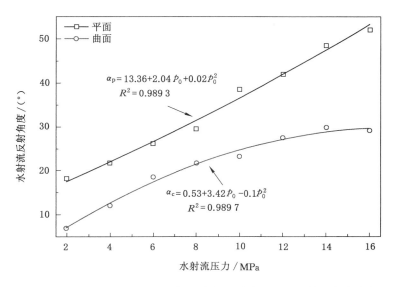

图 4-8　不同出口压力下水射流冲击不同接触面的反射流角度分布

出,结果如图 4-9 所示。可以发现,不同压力水射流在冲击过程中的轴线流速变化相似,从喷嘴到接触表面,可以沿轴线方向划分为 3 个阶段:

(1) 紊乱波动阶段(0~50 mm):射流从喷嘴射出后,由于边界迅速扩散,流速在出口部分不规则地上下波动,在出口距离 50 mm 后逐渐趋于平稳。这一现象主要是由于射流从喷嘴射出时携带了较大的动能,产生剧烈的卷吸效应,周围的空气流体被卷吸进来,导致射流的外边界不断扩大,直至进入基本段卷吸效应发生的位置逐渐远离轴线,使得轴线流速逐渐趋于平稳。通过对比可以发现水射流在冲击曲面时这一阶段相对平稳,可能是因为其反射流较为集中且分布于射流的基本段周围,一定程度上阻碍了空气流体的卷吸效应。

(2) 稳定流速阶段(50~250 mm):射流在经过出口的流速波动之后,在约 50 mm 处恢复稳定,流速随出口距离增加逐渐降低。这一阶段射流状态稳定,出口距离变化对流速的影响不明显,由于上一阶段动能损耗较少,因此水射流在这一阶段轴线流速相对较高。

(3) 冲击表面阶段(250~300 mm):尽管在稳定流速阶段,水射流的轴线速度随出口距离的不断增加而降低,但是由于降低幅度较缓慢,水射流在冲击接触面时都仍保持较高的流速。冲击接触面后,水射流流速迅速降低到 0,但对比两种不同接触面的水射流可以发现,在冲击平面时速度会在距离接触面较远位置降低,这一现象与发散的反射流有关。

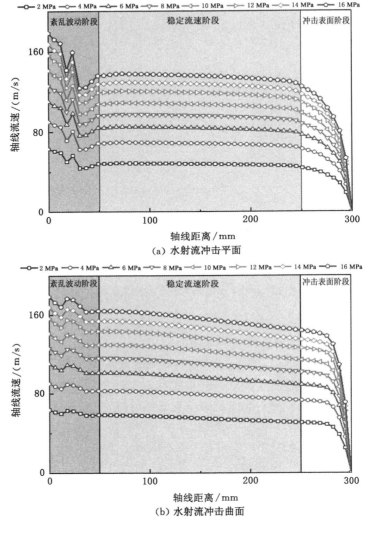

图 4-9 不同压力水射流冲击过程轴线流速变化

模拟结果表明,两种接触面类型的水射流都经历了上述 3 个阶段,但接触面形状对射流速度仍存在影响。当水射流撞击曲面时,流场更加稳定,射流更加集中,轴向速度波动较小,稳定阶段内的速度较高。取不同压力水射流在稳定流速阶段的轴线流速平均值,则射流轴线流速随压力变化关系如图 4-10 所示。通过数据拟合可以得到水射流冲击平面和曲面的轴线流速公式:

$$平面：v_p = -0.78 p_0^2 + 18.32 p_0 + 27.81 \quad R^2 = 0.998\,5$$
$$曲面：v_c = -0.93 p_0^2 + 21.38 p_0 + 31.78 \quad R^2 = 0.998\,3 \tag{4-5}$$

式中，v_p 为水射流冲击平面时的轴线流速，m/s；v_c 为水射流冲击曲面时的轴线流速，m/s。相关拟合方差 R^2 均大于 0.99，表示以该函数拟合的结果可靠。

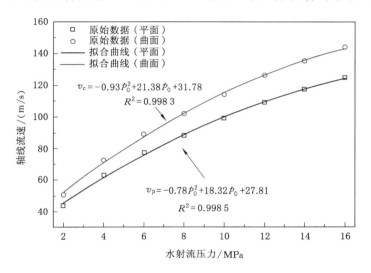

图 4-10　不同压力水射流平均轴线流速变化

　　而当高速射流冲击到不同平面上时，由于各种表面的形状差异，射流冲击到接触面的速度和方向均有不同，即其动能发生了不同程度的改变。这种动能的变化主要是源于高速水流与不同表面之间的作用力，高速射流在原有方向上失去了动能，以冲击动力的形式作用到了接触表面，而由于水射流冲击不同表面时接触面积不同，最终的冲击压强也有所区别。以水射流冲击钻孔为例，提取水射流冲击过程中某一位置的横截面，取钻孔圆心为坐标原点 O，垂直射流方向为 x 轴，射流方向为 y 轴，建立二维坐标系进行分析，如图 4-11 所示。图中，钻孔的半径为 R，水射流断面半径为 b，该位置处射流断面半径为 r，则图中射流实际作用长度 L 为：

$$L = \frac{\pi R}{180} \sin^{-1} \frac{r}{R} \tag{4-6}$$

　　在上式中对 r 进行 0 到 b 上积分并乘以 2，则射流实际作用面积 S_c 为：

$$S_c = \frac{\pi R}{90} \int_0^b \sin^{-1} \frac{r}{R} \mathrm{d}r = \frac{\pi R^2}{90} \left(b \sin^{-1} \frac{b}{R} + \sqrt{R^2 - b^2} \right) \tag{4-7}$$

　　而水射流冲击平面时接触面积 S_p 显然为 πb^2。因此，根据公式 $p = F/A$ 可

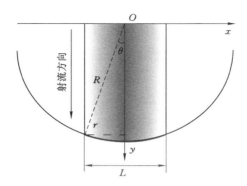

图 4-11　射流冲击钻孔截面示意图

以得出水射流冲击平面和曲面的冲击压强 p_p 和 p_c：

$$平面：p_\mathrm{p} = \frac{\rho Q v_\mathrm{p}(1 - \cos \alpha_\mathrm{p})}{\pi b^2}$$

$$曲面：p_\mathrm{c} = \frac{90 \rho Q v_\mathrm{c}(1 - \cos \alpha_\mathrm{c})}{\pi R^2 \left(b \sin^{-1} \dfrac{b}{R} + \sqrt{R^2 - b^2} \right)} \tag{4-8}$$

而出口流量又可表示为：

$$Q = \frac{1}{4} \pi \varphi D^2 \sqrt{\frac{2 p_0}{\rho_\mathrm{w}}} \tag{4-9}$$

结合上式，并将前文反射流分布函数公式（4-4）以及轴线流速公式（4-5）代入，可以得到水射流作用于平面和曲面的冲击压强模型：

$$平面：p_\mathrm{p} = \frac{D^2 \sqrt{2 p_0}(-0.78 p_0^2 + 18.32 p_0 + 27.81)[1 - \cos(13.36 + 2.04 p_0 + 0.02 p_0^2)]}{4 b^2}$$

$$曲面：p_\mathrm{c} = \frac{22.5 D^2 \sqrt{2 p_0}(-0.93 p_0^2 + 21.38 p_0 + 31.78)[1 - \cos(0.53 + 3.42 p_0 - 0.1 p_0^2)]}{R^2 \left(b \sin^{-1} \dfrac{b}{R} + \sqrt{R^2 - b^2} \right)}$$

$$\tag{4-10}$$

上式表明，当水射流撞击平面和钻孔时的冲击压强存在差异，接触面形状对冲击力大小影响显著。因此在现场应用中，当预先测量得钻孔半径 R 和射流截面半径 b 时，式（4-10）可以帮助预测切割深度、确定工作参数，提高岩石破碎效率。

通过数值模拟也得到了水射流冲击不同接触面的压强，模拟结果可以较好地验证上述数学模型。模拟结果表明，不同压力水射流在冲击两类接触面条件下，水射流在接触点中心范围处的冲击力变化近似于正态函数分布，如图 4-12 所示。整体来看，在稳定状态时，即使仅经过 300 mm 发散，水射流最终达到接触点中心的冲击力也不足出口压力的 1％，表明水射流在冲击过程中动能损耗严重；而水射流冲击曲面时造成的冲击压强更高，表明水射流在冲击曲面时保留了更高的动能。这一结果与前文描述相符，同时也说明接触面形状对最终的冲击力有影响。

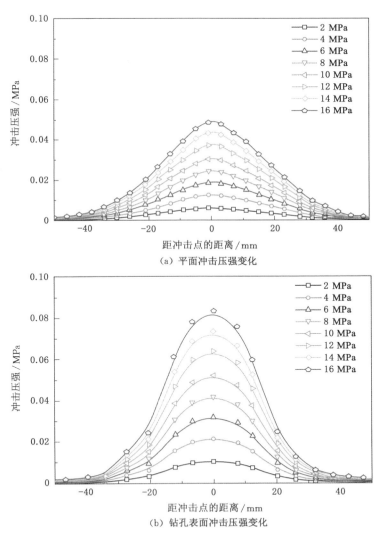

图 4-12　不同压力水射流对接触面的冲击压强

4.3　淹没状态对钻孔水射流的影响

水射流通常在煤矿卸压增透领域应用于空间受限的钻孔中,工作环境和作业过程往往存在各种复杂的淹没状态,影响着水射流的作用过程和效果。为了明确淹没状态对水射流的冲击流态以及动力特性的影响,针对钻孔内水射流的全淹没状态、部分淹没状态和非淹没状态开展了相关的模拟研究。

首先对比了全淹没状态和非淹没状态下钻孔水射流的流态特征。图 4-13 为不同压力下非淹没状态和全淹没状态水射流冲击钻孔的流速云图,可以看出:在全淹没状态下,水射流轴向流速分层明显,冲击点位置存在明显的"水垫"区域,核心段较短;而在非淹没状态下,水射流在纵向上出现流速分层,基本段区域更宽,核心段宽度先随射流发展不断扩张,在接近冲击点位置受反射流影响开始缩小,最终集中于冲击点中心,"水垫"效应不明显。

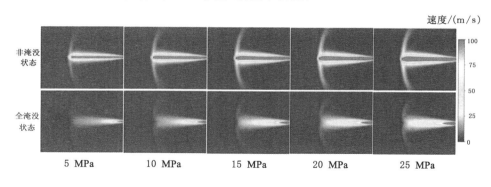

图 4-13　不同淹没状态水射流冲击钻孔流速云图

图 4-14 是不同淹没状态水射流轴线流速对比,可以看出:全淹没状态下水射流流速呈梯形趋势下降,流速下降斜率随距出口距离的增加先增大后减小,之后再增大,且最大下降斜率出现在 25～50 mm 位置;而非淹没状态下水射流流速随距出口距离的增加降低幅度不明显,在接近冲击点位置时受反射流影响出现小幅增加,之后在冲击点位置迅速降低至 0。由此表明:全淹没状态下水射流的大量动能会在水介质中迅速损耗扩散,并在出口位置损耗最大,"水垫"效应较明显;而非淹没状态下水射流的动能在空气介质中损耗较低,但受反射流的影响较明显。

图 4-15 为不同压力下非淹没状态和全淹没状态水射流在钻孔冲击面的流速云图对比,可以看出:非淹没状态下水射流在冲击面流速分层明显,流速分布呈"十"字形,核心区域流速较高,沿钻孔横向和纵向逐渐降低;而全淹没状态下

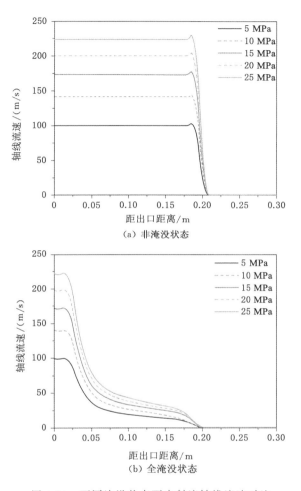

图 4-14　不同淹没状态下水射流轴线流速对比

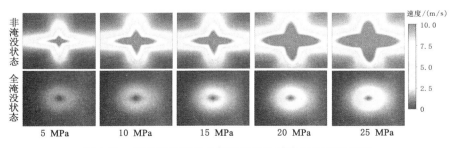

图 4-15　不同淹没状态水射流在钻孔冲击面的流速云图

水射流在冲击面流速整体较低,分层不明显,核心区域由于"水垫"效应的影响流速低于周围位置,整体流速分布呈"O"形,但仍然可以发现核心区域中的低流速区域呈菱形分布。

提取水射流冲击面和基本段所在横截面的交界线,分析水射流冲击面上流速和压力分布,结果如图 4-16 所示。非淹没状态下水射流冲击面上流速和压力分布基本呈"倒 V"形,在冲击点位置达到流速和压力峰值;全淹没状态下水射流冲击面上流速分布呈"M"形,冲击点位置流速达到最低点,压力分布与非淹没状态类似,但在冲击点位置压力突然增加,存在尖部凸起,整体流速和压力远低于

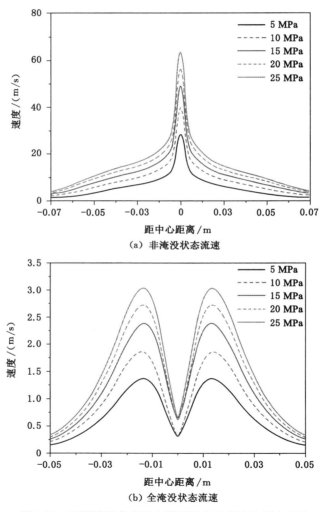

（a）非淹没状态流速

（b）全淹没状态流速

图 4-16　不同淹没状态下水射流冲击面流速和压力对比

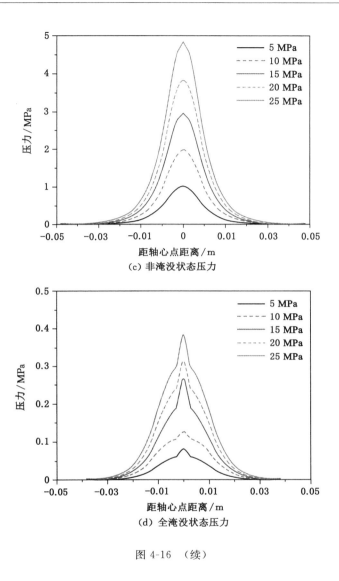

图 4-16　（续）

非淹没状态。因而全淹没射流具有以下特点:① 传播介质耗能大,在出口位置动能损失严重;② "水垫"效应明显,基本段流速分层明显,在冲击点可以观察到明显的"水垫"区域,并且受"水垫"效应影响,冲击面流速分布在冲击点位置为流速最低点,压力分布在冲击点周围区域发生突变。

　　模拟结果表明,全淹没状态和非淹没状态下钻孔水射流的流态特征在流速和压力上存在显著差异,但现场应用中,水射流所处的工作环境并非只是这两种状态,还会存在更多复杂的淹没状态。为了进一步揭示不同钻孔淹没状态造成的影响,针对煤矿目前瓦斯治理采用的顺层钻孔和穿层钻孔两类钻孔条件,分别研究了其在各种淹没状态下对射流流态以及冲击力的影响。

图 4-17 是两类钻孔在淹没 1/4 状态时冲击流态随时间的变化特征,包含 3 种情况:① 穿层钻孔淹没 1/4 状态(钻孔垂直,射流沿水平方向射向钻孔,喷嘴未淹没,钻孔轴向底部淹没 1/4);② 顺层钻孔喷嘴淹没 1/4 状态(钻孔水平,射流自下而上射向钻孔,喷嘴完全淹没,钻孔径向底部淹没 1/4);③ 顺层钻孔壁面淹没 1/4 状态(钻孔水平,射流自上而下射向钻孔,喷嘴未淹没,钻孔径向底部淹没 1/4)。模拟结果表明:穿层钻孔内自由液面没有与射流基本段直接接触,射流沿壁面反射,将液面激起形成两股波浪式液面,绕过射流基本段射流反方向延伸;而顺层钻孔内可分为喷嘴淹没和壁面淹没两种情况,在喷嘴淹没情况下,

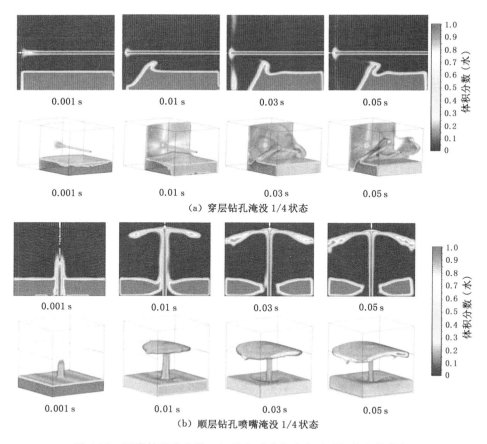

（a）穿层钻孔淹没 1/4 状态

（b）顺层钻孔喷嘴淹没 1/4 状态

图 4-17 两类钻孔在淹没 1/4 状态时冲击流态随时间的变化特征

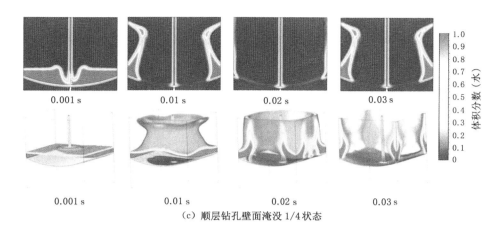

（c）顺层钻孔壁面淹没1/4状态

图 4-17　（续）

射流在出口位置卷吸了周围一部分水体向上运动,并且在喷嘴周围部分存在涡流造成的真空区域,在壁面淹没情况下,液面直接与射流基本段接触,射流激起圆柱形液面波浪向两侧外翻,并迅速被壁面反射流冲刷出流体区域。对比 3 种情况,喷嘴淹没状态下水射流的流速在 3 种工况中最低,射流到达冲击面的时间也最晚。

图 4-18 是两类钻孔在淹没 1/2 状态时冲击流态随时间的变化特征,包含 3 种情况:① 穿层钻孔淹没 1/2 状态(钻孔垂直,射流沿水平方向射向钻孔,喷嘴淹没 1/2,钻孔轴向底部淹没 1/2);② 顺层钻孔喷嘴淹没 1/2 状态(钻孔水平,射流自下而上射向钻孔,喷嘴完全淹没,钻孔径向底部淹没 1/2);③ 顺层钻孔壁面淹没 1/2 状态(钻孔水平,射流自上而下射向钻孔,喷嘴未淹没,钻孔径向底部淹没 1/2)。模拟结果表明:在水射流到达冲击点前,穿层钻孔射流基本段处于一半在淹没状态,另一半在非淹没状态,基本段受自由液面阻挡,向前上方激起部分折射流;而顺层钻孔射流基本段周围的液面向两侧分散扩张,其中壁面淹没状态下激起略高于原始液面高度的水浪。在水射流到达冲击点后,穿层钻孔和顺层钻孔在壁面淹没状态下冲击点附近都出现了明显的涡流效应,并随时间增加涡流区域不断扩大,使得冲击点周围出现液体真空区域。此外,在喷嘴淹没状态下,射流基本段对周围液体出现了较 1/4 淹没状态下更明显的带动效应,穿层钻孔内自由液面被射流带动,在 0.01 s 可以在基本段截面观察到明显的 3 条液柱,之后随射流一起作用到冲击面上,此时其冲击面射流作用范围明显高于其他两种情况,被带动的周围液体也显著增加了其基本段宽度。

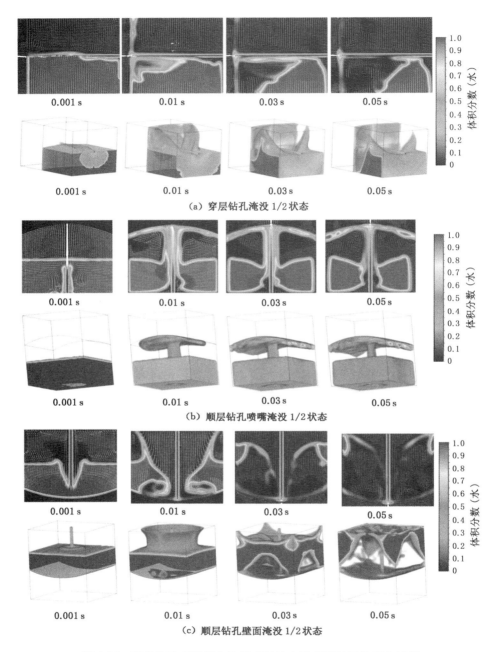

（a）穿层钻孔淹没 1/2 状态

（b）顺层钻孔喷嘴淹没 1/2 状态

（c）顺层钻孔壁面淹没 1/2 状态

图 4-18　两类钻孔在淹没 1/2 状态时冲击流态随时间的变化特征

图 4-19 是两类钻孔在淹没 3/4 状态时冲击流态随时间的变化特征,包含 3 种情况:① 穿层钻孔淹没 3/4 状态(钻孔垂直,射流沿水平方向射向钻孔,喷嘴完全淹没,钻孔轴向底部淹没 3/4);② 顺层钻孔喷嘴淹没 3/4 状态(钻孔水平,射流自下而上射向钻孔,喷嘴完全淹没,钻孔径向底部淹没 3/4);③ 顺层钻孔壁面淹没 3/4 状态(钻孔水平,射流自上而下射向钻孔,喷嘴未淹没,钻孔径向底部淹没 3/4)。模拟结果表明:淹没 3/4 状态下前文描述的涡流效应和带动效应都更加明显,穿层钻孔射流的基本段完全淹没在自由液面下,在冲击点可以观察到射流两侧出现螺旋形的涡流,而在顺层钻孔喷嘴淹没状态下协带效应的影响范围也更广,基本段宽度更宽,在冲击面上作用范围扩散速度也更快。

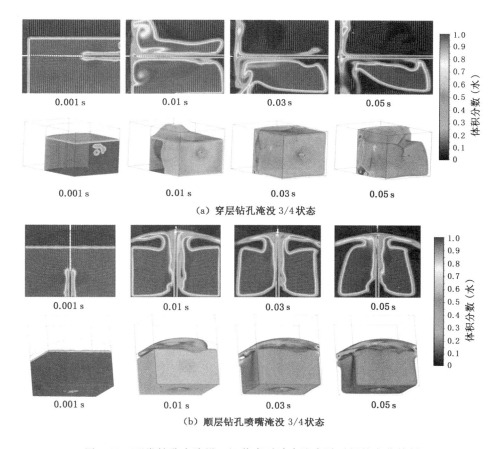

(a) 穿层钻孔淹没 3/4 状态

(b) 顺层钻孔喷嘴淹没 3/4 状态

图 4-19　两类钻孔在淹没 3/4 状态时冲击流态随时间的变化特征

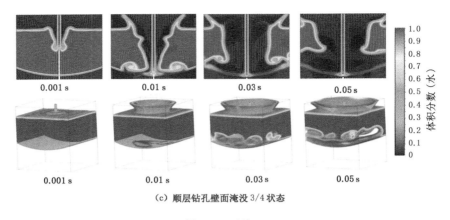

（c）顺层钻孔壁面淹没 3/4 状态

图 4-19　（续）

图 4-20 是各淹没状态下水射流中心冲击压强随时间的变化特征。由图可以发现：不同淹没状态下，水射流的冲击压强随时间变化均存在不同程度的波动，而非淹没状态下射流冲击压强变化较为平稳，且冲击压强最高，说明所有淹没状态对水射流动能都有不同程度的消耗；对比不同淹没状态可以发现，水射流喷嘴位置被淹没时冲击压强的影响最大，冲击压强峰值约为非淹没状态时的 20%，而壁面位置淹没导致的高液面也对最终冲击压强有明显影响。因此，为了防止水射流喷嘴部分被淹没时动能耗散过大，影响钻孔内水射流的冲蚀作用效果，在水射流现场应用时，应该及时导出钻孔内部积水，同时采取预防钻孔堵孔的措施。

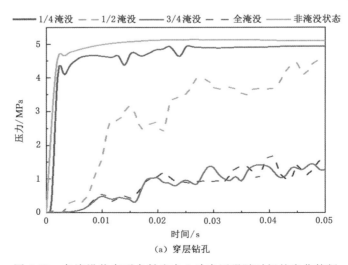

（a）穿层钻孔

图 4-20　各淹没状态下水射流中心冲击压强随时间的变化特征

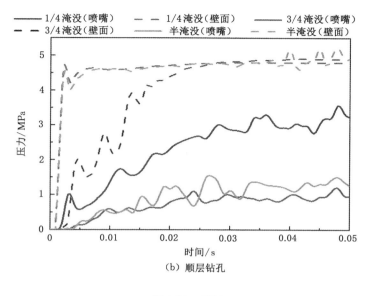

图例：
—— 1/4淹没(喷嘴)　---- 1/4淹没(壁面)　—— 3/4淹没(喷嘴)
---- 3/4淹没(壁面)　—— 半淹没(喷嘴)　---- 半淹没(壁面)

(b) 顺层钻孔

图 4-20　(续)

4.4　钻孔内水射流的冲击动力学特性

前文采用水射流冲击高速摄像实验系统,针对水射流的冲击动力学特性,分别研究了水射流冲击平面和钻孔表面的流态。实验结果表明:水射流冲击钻孔表面的流态与冲击平面不同,冲击钻孔瞬间即在接触点产生一个"水垫",该区域水流速度较低,对水射流冲击起到缓冲作用;在冲击稳定后"水垫"的厚度增加,反射流体的面积增大;不同压力水射流冲击钻孔表面的流态具有相似性,射流冲击钻孔后的反射角度明显大于平面,并且随着射流压力的增加不断增大。

将不同压力水射流冲击的高速摄像照片数字化,并标记反射流体的边界,测量得到两类接触面的反射流角度数据,与前文模拟结果进行对比,如图 4-21 所示。从图中可以看出:实验结果和模拟结果趋势上大体一致,由于模拟结果中的速度云图可以观察到更细致的速度分布,因此所测量出的反射流段角度也整体高于实验结果;实验结果也验证了前文数值模拟的合理性。

此外,煤岩的破碎程度是反映水射流冲击力大小最明显的因素。在水射流冲击实验结束之后,将试块从实验台上取下逐一观察表面破裂情况,并测量了不

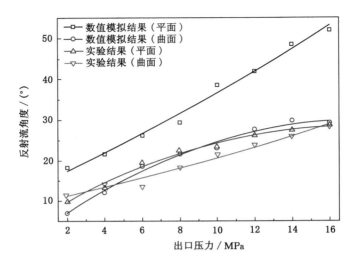

图 4-21　不同压力下水射流冲击两类接触面的反射流角度

同出口压力下两种表面的破碎面积,结果如图 4-22 所示。实验结果表明,在同样冲击时长下,钻孔试块的破碎面积更大,说明水射流在冲击钻孔时冲击力更强、作用范围更广,这一结果也验证了前文数学模型的合理性,同时对应了数值模拟的验证结果。

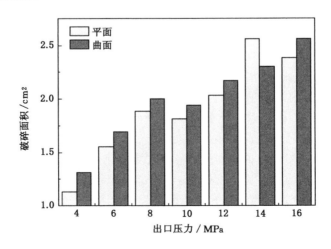

图 4-22　不同压力下水射流冲击两类接触面的破碎面积

　　由于现有实验条件较难直接测量试块表面受到的冲击力大小,因此采用煤岩在破裂过程中的应力变化来对模拟结果进行验证。采用出口压力为 16 MPa 的水射流持续冲击两类接触面试块直至其破裂,并由应变计记录冲击过程中的变化,结果如图 4-23 所示。实验结果表明:试块顶部和侧面应变随冲击时间不断变化,在破裂瞬间发生突变,水射流冲击钻孔试块至破裂所需时间约为冲击平面试块至破裂所需时间的一半,说明水射流在冲击钻孔时冲击力更早达到试块的破坏阈值;同时在水射流冲击平面试块的过程中,顶部应变和侧面应变都出现了应变峰值,分析出现这一现象的原因可能是水射流在冲击到平面试块上的一瞬间迅速以反射流的形式向各个方向发散,而钻孔试块由于接触面形状导致这种发散程度较小,从而迅速到达破坏阈值。这一结果也验证了前文中反射流相关公式以及作用力模型的合理性。

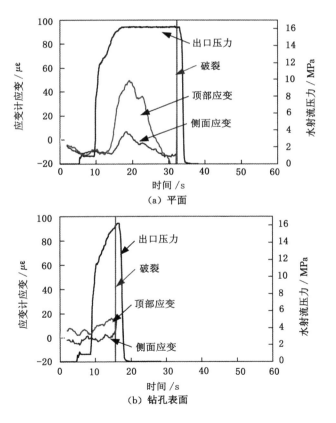

图 4-23　水射流冲击两类接触面的应变变化

4.5 本章小结

本章采用比较研究法,研究了水射流冲击平面和钻孔表面的异同,揭示了钻孔内水射流的流动特性,得到了以下结论:

(1)水射流冲击钻孔表面的流态与冲击平面不同,冲击钻孔表面瞬间即在接触点产生一个"水垫",冲击稳定后"水垫"的厚度增加,反射流体的面积增大;射流冲击钻孔表面后的反射角度明显大于平面,并且随着水射流压力的增加不断增大;通过对高速摄像照片数字化后提取到的边界角度进行拟合,得到了水射流冲击钻孔表面的反射角分布函数。

(2)水射流在冲击不同接触面时都会产生明显的反射流,并且轴心流速在沿程发展中随着出口距离变化,都会经过紊乱波动阶段、稳定流速阶段、冲击表面阶段3个阶段。接触面形状对反射流角度和流速大小有一定影响,水射流在冲击钻孔表面时反射流分布相对集中,轴心流速相对更高更稳定。

(3)出口压力对水射流冲击过程中的流态和沿程发展有显著影响,随着出口压力增加,射流的轴心流速上升,基本段边界加速扩散,冲击到接触面产生的反射流段角度增加,根据模拟数据得到了反射流角度分布以及轴心流速随出口压力变化的经验公式;水射流冲击过程不仅与射流速度、工作液体密度等因素有关,也与反射流离开该表面的角度以及轴心流速有关。推导了水射流作用于钻孔表面和平面上的冲击压强模型,并以模拟和实验结果从各方面验证了该模型的合理性。

(4)钻孔内的淹没情况也对水射流流态及动力存在影响,相比非淹没状态自然出流的水射流,全淹没状态下水射流基本段流速分层明显,动能在喷嘴处快速耗散,冲击点区域"水垫"效应显著,射流作用效果被明显削弱。针对现场工况中可能存在的几种淹没状态进行了分析,结果表明喷嘴部分是否淹没对水射流的冲击压强影响最大,现场应用中应避免钻孔积液淹没射流喷嘴。

第 5 章 钻孔内水射流的破煤岩特性

水射流冲击破岩的机理非常复杂,由于影响因素众多、研究手段有限,目前有关水射流破岩的本构关系和失效准则尚未解决,对水射流的破岩过程仍无法准确描述[125]。现有的水射流破岩特性及机理研究多以宏观实验为主,多数实验采用的靶体表面为平面,有关水射流冲击钻孔的研究鲜有报道,水射流对钻孔的冲击破煤岩特性及机制尚不清楚。为此,本章开展了钻孔内水射流的破煤岩特性研究,研究结果可以为分析水射流在钻孔内的破煤岩机理、确定合理的射流参数、优化操作工艺提供重要依据。

5.1 水射流冲击破煤岩理论模型

水射流的结构特性是研究其破煤岩特性的基础,针对水射流的破煤岩过程,将其划分为 3 个阶段:初始段、基本段和反射段,如图 5-1 所示。水射流冲击钻孔和平面时,主要区别在于接触面形状不同,这决定了两者在流态和作用力上的差异。而这种差异主要源于动能的变化形式,高压水射流在原有方向上将动能以冲击动力的形式作用到了接触表面,而不同接触面上水射流作用效果不同。假设水射流反射后流速不变,射流接触表面前动量为 $\rho Q v$,接触后动量为 $\rho Q v \times \cos \alpha$。根据牛顿第二定律可知,水射流冲击到接触面上的应力 F 总和为:

$$F = \rho Q v (1 - \cos \alpha) \tag{5-1}$$

式中,ρ 为液体密度,kg/m^3;Q 为水射流流量,m^3/s;v 为出口流速,m/s;α 为反射流角度,(°)。由上式可知,接触面受到的总应力由射流速度、射流流量、液体密度、反射流角度共同决定,而反射流角度跟接触面形状直接相关。项目前期研究表明,由于曲面结构令流体集中于中心点处,水射流冲击钻孔表面时反射流角度相较于冲击平面时更低,会使钻孔水射流具有更高的冲击作用力。

水射流冲击结构特征是影响其破煤岩特性的关键因素之一,但水射流造成的煤岩损伤形成机理复杂,至今没有一种理论可以准确描述这一过程。同时由于水射流破煤岩过程具有破坏速度快、环境噪声大、飞溅水雾多等特点,实验观测较为困难,限制了相关理论的发展。现有研究认为,岩石中含有初始裂纹,岩

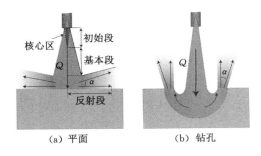

（a）平面　　　　　　　（b）钻孔

图 5-1　水射流对不同表面的作用形式

石受冲击破坏是裂纹扩展的结果,而煤体内分布着大量原始裂隙和含瓦斯微裂隙,因此,水射流冲击时形成的渗流应力将会和孔隙压力共同作用,促使煤岩原始微裂纹扩展和新裂纹萌生,从而导致煤岩体破坏(图 5-2)。

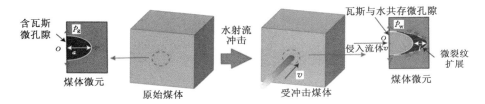

v—水射流微元体在孔隙内的瞬时流速;p_w——射流截面上任一点的水压;p_g—煤层原始瓦斯压力。

图 5-2　渗流水压扩展煤体微孔隙示意

准脆性材料的微裂纹扩展条件如下:

$$\sigma = \sigma_c = K_{lc}\sqrt{\frac{\pi}{4a}} \tag{5-2}$$

式中,σ_c 为微裂纹发生扩展的临界应力,MPa;a 为微裂纹的初始半径,m;K_{lc} 为断裂韧度,MPa·m$^{1/2}$。

当煤岩体所受应力达到上式所述的临界值时,煤体微元中的微孔隙发生扩展,并引起岩石内部损伤和变形。微裂纹尖端的损伤局部化长度 l 为:

$$\begin{cases} l = r\left[1 - \cos\left(\dfrac{\pi\sigma_V}{2\sigma_u}\right)\right] \\ r = l + a \end{cases} \tag{5-3}$$

式中,r 为孔隙扩展后的半径,m;σ_V 为体积应力,MPa;σ_u 为微裂纹尖端的损伤局部化带内岩石的抗拉强度,MPa。

根据前文分析,水射流的轴心冲击动压 p 为:

$$p = \frac{F}{A} = \frac{\rho Q v (1 - \cos \alpha)}{A} \tag{5-4}$$

式中，A 为水射流作用面积，m^2。其中出口流量 Q 和出口流速 v 可表示为：

$$Q = \frac{1}{4} \pi \varphi D^2 \sqrt{\frac{2 p_0}{\rho}} \tag{5-5}$$

$$v = \varphi \sqrt{\frac{2 p_0}{\rho}} \tag{5-6}$$

式中，φ 为速度系数，取 $0.98 \sim 1$；D 为喷嘴直径，m；p_0 为出口压力，MPa。

在非淹没射流条件下，水射流的破岩作用主要为射流的基本段，基本段上射流轴心动压的衰减规律满足如下关系式：

$$\frac{p_m}{p} = \frac{\rho v_m^2}{\rho v_0^2} = \frac{x_c}{x} \tag{5-7}$$

式中，p 为射流初始段轴心动压，MPa；p_m 为基本段上某一点处轴心动压，MPa；x 为该点距喷嘴出口距离，即靶距，mm；x_c 为射流核心段长度，mm；v_0 为初始轴心流速，m/s；v_m 为某一点处轴心流速，m/s。

综合以上分析，煤岩失稳的外部动力为水射流冲击动力载荷（动载），内部动力为煤岩本身的孔隙压力载荷（静载），根据式(5-2)、式(5-4)、式(5-5)、式(5-6)，优化现有破煤岩理论公式后可得到钻孔水射流破煤岩模型：

$$F_{\text{总}} = \frac{\pi D^2 p_0 x_c (1 - \cos \alpha)}{2 A x} + \frac{p_g V_g}{V} \geqslant K_{1c} \sqrt{\frac{\pi}{4a}} \tag{5-8}$$

式中，$F_{\text{总}}$ 为煤岩体受到的总作用力，MPa；V 为水射流切割时孔隙体积，mL/g；V_g 为单个孔隙体积，mL/g。

以马兰矿 $02^{\#}$ 煤层为例，代入数值后利用 Mathematica 软件对上式进行求解后导出结果，得到解析解如图 5-3 所示。水射流破煤岩模型的解析解表明，当煤岩孔隙压力一定时，不考虑接触面形状的情况下影响 $F_{\text{总}}$ 的因素只有出口压力 p_0 和靶距 x，其解析解如图 5-3(a)所示；而式(5-8)考虑了由接触面形状直接决定的反射角这一因素，再在同等条件下求解析解，结果明显不同，如图 5-3(b)所示。

提取数据对比水射流在不同反射角下 $F_{\text{总}}$ 受出口压力和靶距的影响，结果如图 5-4 所示。由图可见，反射角 α 对 $F_{\text{总}}$ 有显著影响，同等条件下反射角越大 $F_{\text{总}}$ 越高；并且出口压力越大、靶距越小，反射角带来的差异越明显。因此，影响水射流破煤岩作用力的关键参数存在以下关系：

$$F_{\text{总}} \propto (p_0, \alpha) \bigcap F_{\text{总}} \propto \frac{1}{x} \tag{5-9}$$

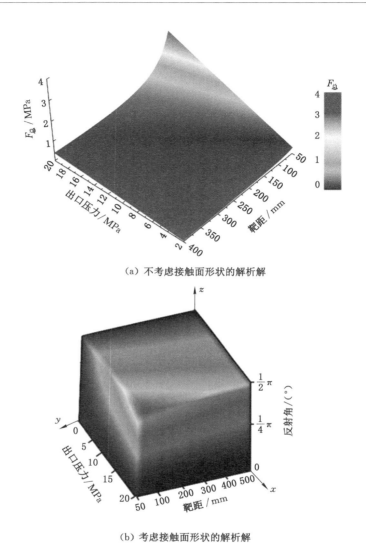

（a）不考虑接触面形状的解析解

（b）考虑接触面形状的解析解

图 5-3　水射流破煤岩模型解析解

　　综上所述,水射流冲击平面和钻孔表面在破煤岩作用力上存在差异,且接触面形状的影响十分显著,出口压力和靶距等因素与反射角存在相互影响,明确几者间的相互联系后,可利用式(5-8)预测水射流切割深度,实现其破煤岩和卸压增透的精准作业。

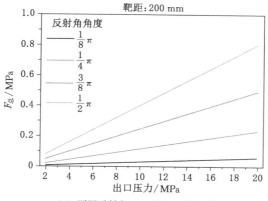

（a）不同反射角下 $F_\text{总}$ 受出口压力的影响

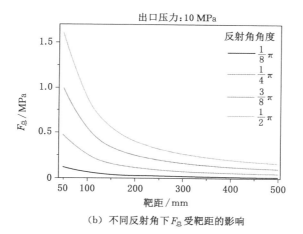

（b）不同反射角下 $F_\text{总}$ 受靶距的影响

图 5-4　不同反射角下 $F_\text{总}$ 受出口压力和靶距的影响

5.2　水射流冲击破煤岩实验

5.2.1　水射流冲击破煤岩实验系统

为了开展水射流冲击破煤岩相关研究，搭建了水射流冲击破煤岩实验系统（图 5-5），主要包括高压液体供给系统、水射流发生与调节系统、实时监测系统、样品固定系统等，其中高压液体供给系统将水箱内部的工作液体加压后通过耐高压水管进行传输，并通过压力控制器控制压力及流量，实时监测系统通过压力传感器及应变计监测实验过程中的参数变化。采用水射流冲击破煤岩实验系统,分别对水射流冲击钻孔表面和平面的破煤岩特性进行了研究。

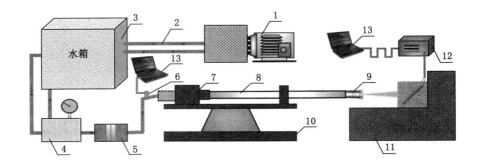

1—乳化液泵;2—耐高压水管;3—水箱;4—压力控制器;5—流量计;6—压力传感器;7—钻杆夹持器;
8—密封钻杆;9—射流器;10—钻机架;11—试样台;12—动态应变仪;13—电脑采集系统。

图 5-5　水射流冲击破煤岩实验系统示意图

5.2.1.1　高压水供给装置

实验中的高压水供给装置包括乳化液泵、水箱、耐高压水管、密封钻杆等。其中,乳化液泵型号为 BRW200/31.5,为卧式三柱塞往复泵,由卧式四级防爆电机驱动,额定压力为 31.5 MPa,额定流量为 200 L/min;水箱的容积为 1 500 L;耐高压水管的耐压强度为 55 MPa。乳化液泵可以将水箱中的常压水转换成高压水,再通过耐高压水管输送至水射流发生与调节装置。

5.2.1.2　水射流发生与调节装置

水射流发生与调节装置由射流器、压力控制器、流量计等组成。射流器喷嘴位于正前端轴线上,喷嘴直径为 2 mm;压力控制器可以对管路中的出水压力进行调节,调节范围为 0~50 MPa;流量计可以对管路中的流量进行监测,量程为 0~220 L/min。

5.2.1.3　实时监测装置

实时监测装置包括压力传感器、动态应变仪、电脑采集系统等。压力传感器选用广东中山市广仪电子传感器有限公司的 PTG503 高精度数字压力传感器,采样频率为 0~100 Hz,量程为 0~60 MPa,可以实时监测出射流水压;应变计选用中航电测 BQ120-80AA 动静态应变计;动态应变仪选用江苏东华测试技术股份有限公司的 DH3817 动静态应变测试系统。

5.2.2　试样制备

煤是一种具有复杂结构的多孔介质,具有明显的各向异性,采用相似模型进行试验有利于在复杂的试验中突出主要矛盾,便于发现内在联系[126]。相似试样要与原煤的力学性质相似,即全应力应变曲线形态、抗拉压强度、拉压比、泊松比等与实际煤体相似[127-128]。

试验参考的原煤样取自河南平顶山天安煤业股份有限公司试验矿井的己$_{15}$煤层,该煤层是典型的松软高突煤层,曾经发生过 21 次煤与瓦斯突出事故,相关强度参数如表 5-1 所示。

表 5-1　己$_{15}$煤层煤样力学参数表

密度 /(kg/m^3)		弹性模量 /GPa		抗压强度 /MPa		抗拉强度 /MPa		内摩擦角 /(°)		黏聚力 /MPa	
1 280		1.501		2.237		0.485		25.2		0.575	
1 322	1 417	1.253	1.455	1.704	2.210	0.434	0.580	22.9	26.4	0.477	0.625
1 649		1.611		2.689		0.821		31.0		0.823	

相似材料的选择和配比是保证其力学性能相似的关键。本试验设计的相似材料由煤粉、水泥、石膏、添加剂和水组成,其中煤粉作为骨料,其粒径为 60～80 目,水泥和石膏作为胶结剂,在终凝后提供一定的孔隙结构。制作时,将煤粉、水泥、石膏、添加剂按质量比 17∶32∶32∶5 混合均匀,加水(水灰比＝0.4)混合搅拌后注模,然后在温度为(20±1)℃、湿度＞99％的养护室中养护 28 d 成型。所选试模为 100 mm×100 mm×100 mm 立方体标准试模,相似材料及成型试块如图 5-6 所示。对成型试块的力学参数进行测试,结果如表 5-2 所示,从表中可以看出相似试块间的差异较小,试块的参数与所选原煤相近,能够满足相似试验的需要。

（a）相似材料

（b）成型试块

图 5-6　相似材料及成型试块实物

表 5-2   成型试块力学参数表

密度 /(kg/m³)		弹性模量 /GPa		抗压强度 /MPa		抗拉强度 /MPa		内摩擦角 /(°)		黏聚力 /MPa	
1 280		1.674		2.995		0.583		27.9		0.619	
944	1 183	1.712	1.663	2.368	2.697	0.631	0.638	26.7	29.3	0.588	0.582
1 325		1.603		2.728		0.699		33.2		0.540	

为了对比研究水射流冲击钻孔与冲击平面的区别，使用取芯钻机在部分试块中取半圆芯，制作模拟钻孔试块，并分别在试块的上表面和侧面布置夹角为45°的应变计，如图 5-7 所示。为了防止喷溅的水花造成应变计短路，在应变计黏结后使用热熔胶覆盖表面和接线端子。

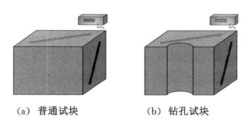

（a）普通试块   （b）钻孔试块

图 5-7   试块加工及应变计布置示意图

5.2.3   试验方案

水射流冲击试块的方案及操作方法如下：

（1）固定冲击靶距为 300 mm，在水射流出口水压为 2 MPa、4 MPa、6 MPa、8 MPa、10 MPa、12 MPa、14 MPa、16 MPa 时，分别连续冲击普通试块和钻孔试块 30 s。测试时，同时启动乳化液泵和实时监测装置并开始计时，调节压力控制器使出口水压达到设定值，保持压力 30 s，然后关闭泵站并停止采集数据。

（2）固定水射流出口水压为 12 MPa，在靶距为 50 mm、100 mm、200 mm、300 mm、400 mm 时，分别连续冲击普通试块和钻孔试块直至破坏。测试时，同时启动乳化液泵和实时监测装置并开始计时，调节压力控制器使出口水压达到 12 MPa，连续冲击试块，直至试块破坏时关闭泵站并停止采集数据。

（3）固定水射流出口水压为 10 MPa，在靶距为 15 mm、50 mm、100 mm、150 mm、200 mm、250 mm、300 mm、350 mm、400 mm 时，分别间隔 10 s 冲击普通试块和钻孔试块直至破坏。测试时，同时启动乳化液泵和实时监测装置并开始计时，调节压力控制器使出口水压达到设定值，保持压力 10 s，然后关闭泵站对试块进行测试，测试完成后，再次启动乳化液泵重复上述过程，直至试块破坏时关闭泵站并停止采集数据。

（4）固定水射流出口水压为 10 MPa，在靶距为 300 mm 时，分别间隔 10 s 冲击试块直至破坏。测试时，同时启动乳化液泵和实时监测装置并开始计时，调节压力控制器使出口水压达到设定值，保持压力 10 s，然后关闭泵站对试块进行红外热成像测试，测试完成后，再次启动乳化液泵重复上述过程，直至试块破坏时关闭泵站并停止采集数据。

5.3　水压对钻孔水射流破煤岩的影响

水射流的出口水压是影响其破煤岩效果的主要因素之一，由前文公式可知，当喷嘴直径一定时，水射流的速度和流量与出口水压呈正相关，增加水射流压力可以提高其破煤岩能力。

5.3.1　表面应变特性

在冲击靶距为 300 mm 时，使用不同出口压力水射流连续冲击普通平面试块 30 s，实时监测得到的射流水压与表面应变随时间的变化特性如图 5-8 所示。

从图 5-8 中可以看出，水射流压力为 2 MPa 时，试块的表面应变量在 ±18 $\mu\varepsilon$ 内变化，水射流的冲击作用较弱。随着水射流压力的增加，冲击作用增强，试块的表面应变逐渐增大，侧面应变量的变化较小，顶面应变量的增幅较大，且二者多为张拉应变。当水射流压力增大到 14 MPa 时，试块的侧面应变随冲击时间的增加快速增大，侧面应变量逐渐大于顶面应变。在水射流压力增大到 16 MPa 时，试块的表面应变出现峰值，顶面应变量的峰值为 60 $\mu\varepsilon$，侧面应变量的峰值为 18 $\mu\varepsilon$；随着冲击时间的增加，应变量逐渐降低，并由张拉应变逐渐变为压缩应变；在 16 MPa 水射流连续冲击 17 s 后，试块表面开裂，开裂瞬间应变量发生突变。

图 5-9 是在冲击靶距为 300 mm 时，使用不同出口水压水射流连续冲击钻孔试块 30 s，实时监测得到的射流水压与表面应变随时间的变化曲线图。从图中可以看出，水射流压力为 2 MPa 时，试块的表面应变量在 ±15 $\mu\varepsilon$ 内变化，水射流的冲击作用较弱。随着水射流压力的增加，试块的表面应变逐渐增大，顶面应变量的增幅较大，侧面应变量的变化相对较小，应变类型多为张拉应变。当水射流压力增大到 10 MPa 后，试块的顶面应变开始减弱，侧面应变随着冲击时间的增加逐渐增大，且侧面应变量开始大于顶面应变量。在水射流压力增大到 16 MPa 瞬间，试块表面开裂，顶面应变发生突变。从图中还可以看出，在水射流冲击试块过程中，试块的侧面应变和顶面应变表现出明显的波动性特征，说明水射流对试块的冲击破坏过程是非均匀的[129]。

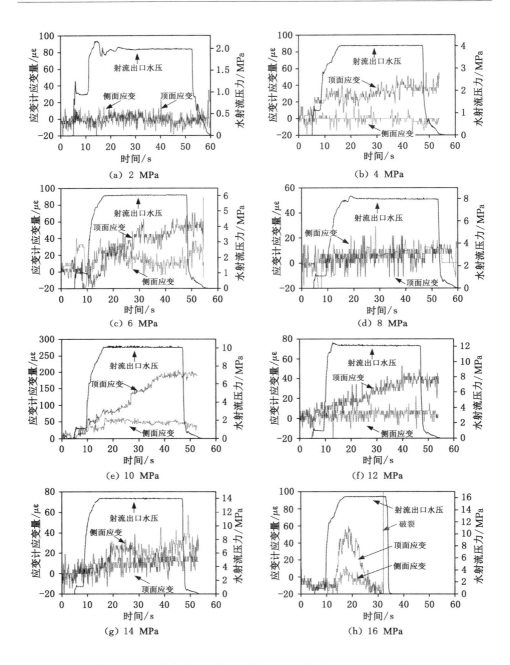

图 5-8　水射流连续冲击普通试块 30 s 时的表面应变和水压变化

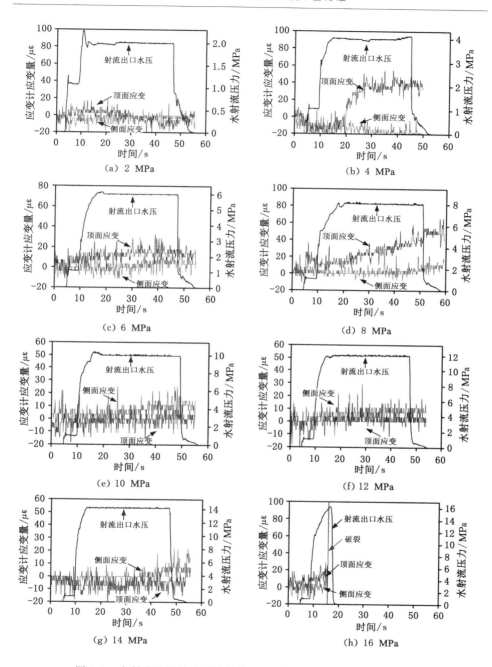

图 5-9　水射流连续冲击钻孔试块 30 s 时的表面应变和水压变化

根据上述试验中试块表面应变在冲击过程中的变化特性,将不同出口水压水射流对试块的冲击分为 3 个类型:表面冲刷、稳定侵入和突变断裂。在表面冲刷阶段,水射流压力小于破碎试块的最低压力——门限压力,对试块的冲击作用较弱,试块顶面和侧面的应变较小。在稳定侵入阶段,水射流压力超过门限压力,射流不断冲击侵入试块,试块的表面应变开始增加,且顶面应变增量较大。在突变断裂阶段,水射流冲击压力在 30 s 内达到试块的承压极限值,试块内部裂纹迅速发展、连通,表面应变发生突变,试块断裂。

对比在 30 s 内水射流冲击普通试块和钻孔试块的表面应变特性,可以发现:① 试块的表面形状不改变其承压特性,两种试块的门限压力值和承压极限值相同,水射流在压力为 2 MPa 时均为表面冲刷阶段,在 4 MPa 进入稳定侵入阶段,在 16 MPa 达到承压极限值;② 在稳定侵入阶段,钻孔试块的表面应变值比普通试块小;③ 在突变断裂阶段,钻孔试块在水射流压力达到 16 MPa 时即刻发生破裂,而普通试块需要水射流连续冲击 17 s。

5.3.2 表面破裂特性

图 5-10 是不同压力水射流连续冲击普通试块 30 s 后的表面破裂特性。从图中可以看出,在水射流压力为 2 MPa 时,未能在试块表面产生碎痕,说明此压力小于门限压力;随着水射流压力的增加,在试块表面出现了明显的冲击坑洞,且射流压力越大,冲击坑洞越大;在水射流压力达到 16 MPa 后,试块沿冲击坑洞发生劈裂,裂纹贯穿试块表面。普通试块的冲击坑洞形态规则、轮廓清晰,坑洞内表面光滑平整。

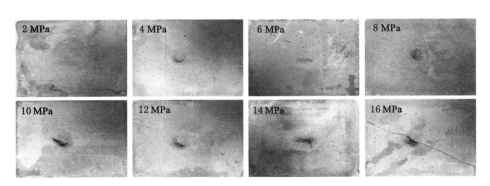

图 5-10　不同压力水射流连续冲击普通试块 30 s 后的表面破裂特性

图 5-11 是不同压力水射流连续冲击钻孔试块 30 s 后的表面破裂特性。从图中可以看出,在水射流压力为 2 MPa 时,钻孔试块表面未产生碎痕,射流压力

值小于门限压力;在水射流压力大于 4 MPa 后,钻孔试块表面出现了明显的冲击坑洞,且随着压力的增加坑洞逐渐变大;在水射流压力达到 16 MPa 后,试块沿钻孔发生纵向贯穿断裂。钻孔试块的冲击坑洞形态各异,轮廓可清晰分辨,坑洞内凹凸不平。

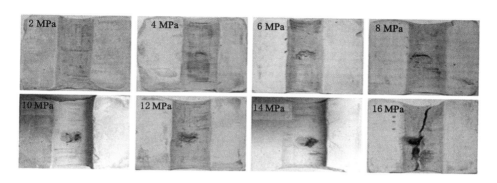

图 5-11　不同压力水射流连续冲击钻孔试块 30 s 后的表面破裂特性

图 5-12 是普通试块和钻孔试块在 16 MPa 时的断裂面特性。由图可以看出,普通试块沿 45°主裂纹劈裂,在断裂面内冲击坑洞清晰可见,断裂面平整光滑,呈现出明显的张拉断裂特性;而钻孔试块沿 90°主裂纹劈裂,在断裂面内可见冲击坑洞,断裂面弯曲不平,说明其受力较为不均,主裂纹是由众多微小裂纹不断扩展形成。

（a）普通试块　　　　　　　（b）钻孔试块

图 5-12　试块断裂面特性

对不同试验条件下普通试块和钻孔试块的冲击坑破裂特征参数进行统计,包括冲击坑的最大深度、平均直径、坑洞面积等,结果如表 5-3 所示。

表 5-3　冲击坑破裂特征参数统计表

冲击靶距/mm	冲击时间/s	射流压力/MPa	普通试块冲击坑特征参数			钻孔试块冲击坑特征参数		
			最大深度/mm	平均直径/mm	面积/cm²	最大深度/mm	平均直径/mm	面积/cm²
300	30	4	6.93	12.97	1.13	2.34	12.93	1.31
		6	5.84	14.07	1.55	4.37	14.80	1.69
		8	12.51	15.42	1.88	4.81	16.13	2.00
		10	11.06	15.08	1.81	5.35	15.77	1.94
		12	10.65	16.06	2.03	7.57	16.65	2.17
		14	19.25	18.17	2.56	13.64	17.01	2.30
		16	18.39	17.34	2.38	9.37	18.12	2.56

图 5-13 是不同水射流压力条件下普通试块和钻孔试块的冲击坑深度分布。由图可以看出随着水射流压力的增加,试块的冲击坑深度均不断增大;在相同冲击条件下,钻孔试块的冲击坑深度小于普通试块。

图 5-14 是不同水射流压力条件下普通试块和钻孔试块的冲击坑面积分布。从图中可以看出,普通试块和钻孔试块的冲击坑面积均随水射流压力的增加呈线性增大;水射流压力相同时,钻孔试块的冲击坑面积普遍比普通试块大。

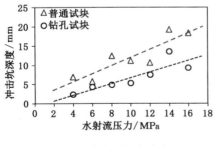

图 5-13　冲击坑深度分布

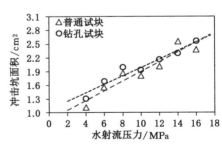

图 5-14　冲击坑面积分布

综上分析,水射流连续冲击 30 s 时,钻孔试块的门限压力值和承压极限值与普通试块相同;水射流压力越大,冲击坑的深度和面积越大,射流对靶体的冲击作用越强;水射流压力相同时,钻孔试块的表面应变和冲击坑深度较小,而冲击坑面积较大,说明水射流在冲击钻孔时具有更大的有效冲击面积。

5.4　靶距对钻孔水射流破煤岩的影响

水射流冲击靶距是水射流技术在应用中的一个关键参数[130]。为了分析冲击靶距对破岩性能的影响,在水射流压力为 12 MPa,靶距分别为 50 mm、100 mm、200 mm、300 mm、400 mm 时,进行了水射流冲击普通试块和钻孔试块试验。

5.4.1　表面应变特性

在水射流压力为 12 MPa 时,连续冲击不同靶距的普通试块直至破裂,试块表面应变随时间变化及发生断裂的冲击时间与靶距的关系曲线如图 5-15 所示。从图中可以看出,试块顶面和侧面的应变随冲击时间的增加不断增大,二者均为

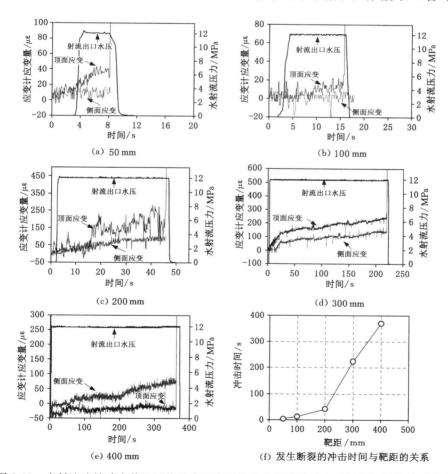

图 5-15　水射流连续冲击普通试块的表面应变及发生断裂的冲击时间与靶距的关系曲线

张拉应变,且顶面的应变量变化较大;冲击一定时间后试块破裂,破坏瞬间断裂面的应变量发生突变,冲击靶距越大,试块表面发生断裂所需的冲击时间越长。在靶距不大于 100 mm 时,试块在较短时间内即发生破裂,破裂前表面应变量最大值在 22~45 $\mu\varepsilon$;靶距为 200 mm 的试块在冲击过程中应变曲线波动较大,分析认为是顶面应变计粘贴不牢导致;靶距为 300 mm 时,试块破裂前的应变量达到最大 226 $\mu\varepsilon$;随着靶距的继续增加,突变前的应变量减小。

图 5-16 是在不同靶距条件下,出口水压为 12 MPa 的水射流连续冲击钻孔试块时的表面应变曲线及发生断裂的冲击时间与靶距的关系曲线。从图中可以看出,随着水射流冲击时间的增加,钻孔试块的表面应变逐渐增大,一定时间后表面应变量发生突变,试块发生破裂;水射流的冲击靶距越小,应变量突变所需的时间越短,钻孔试块的破裂时间与靶距呈线性关系。

从图 5-16 中还可以看出,在靶距为 50 mm 和 100 mm 时,破裂前的最大应变量为 25 $\mu\varepsilon$ 和 43 $\mu\varepsilon$;随着靶距的增加,最大应变量逐渐增大,在靶距为 300 mm 时达到最大值 485 $\mu\varepsilon$;在靶距为 400 mm 时,应变曲线在破坏前较为平缓,顶面应变和侧面应变波动上升,说明裂纹的形成、扩展较为困难,试块破坏需要更长的冲击时间。

根据以上表面应变试验结果,可以看出水射流冲击钻孔试块的表面应变特性与普通试块相似,因而将水射流连续冲击试块至破裂的过程分为 3 个阶段:应变快速上升阶段、应变稳定增长阶段和应变突变阶段。第一阶段为水射流冲击试块初期,此时试块受到强烈冲击作用,发生压缩、变形,表面应变快速上升;第二阶段为水射流稳定侵入时期,此时试块受到连续、稳定的冲击作用,接触面不断破裂、剥离,试块内部裂纹逐渐发育,表面应变稳定增加;第三阶段为水射流冲击试块的断裂、破坏瞬间,此时试块发生强烈变形,破裂面的表面应变发生突变。

对比钻孔试块和普通试块在不同靶距时的表面应变特性,可以发现:① 钻孔试块的应变快速上升阶段较长,应变量增幅较大,说明其在水射流冲击初期的变形较大;② 靶距相同时,钻孔试块破裂所需的冲击作用时间较长,表面应变较大;③ 在应变突变阶段,普通试块多为顶面应变发生突变,而钻孔试块多为顶面应变与侧面应变同时发生突变。

5.4.2 表面破裂特性

图 5-17 是出口水压为 12 MPa 的水射流连续冲击不同靶距普通试块后的表面破裂特性。由图可以看出,在冲击靶距为 50~200 mm 时,试块沿纵向的主裂纹贯穿破坏,破裂面内冲击坑洞清晰可见,断裂面平整光滑,呈现出明显的张拉

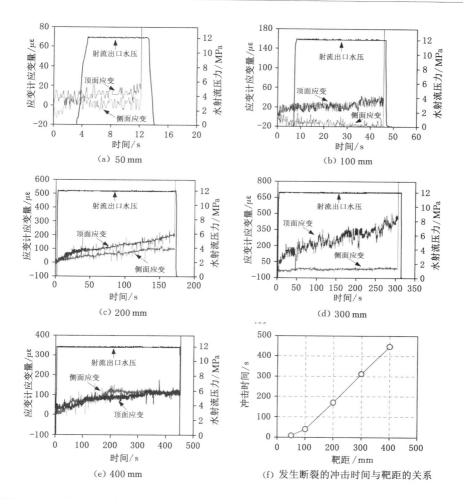

图 5-16　水射流连续冲击钻孔试块的表面应变及发生断裂的冲击时间与靶距的关系曲线

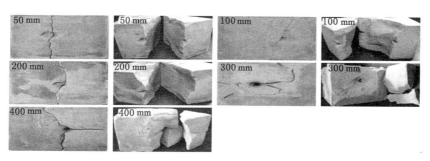

图 5-17　受冲击普通试块的表面破裂特性

断裂特性;在冲击靶距为 300 mm 时,试块沿 45°主裂纹破裂,主裂纹的贯穿长度较小,试块的破碎程度增大;在冲击靶距为 400 mm 时,试块由贯穿整体的大破裂变为局部发展的小断裂,破碎程度增加,断裂面凹凸不平,说明破坏过程受力不均,破坏由局部裂纹不断发育扩展形成。

图 5-18 是在不同靶距条件下,出口水压为 12 MPa 的水射流连续冲击钻孔试块后的表面破裂特性。从图中可以看出,水射流连续冲击钻孔试块后,形成较为规则的冲击坑洞,随着冲击靶距的增加,冲击坑洞逐渐变大;在冲击靶距为 50 mm、200 mm 时,试块沿纵向的主裂纹贯穿破坏,破裂面内冲击坑洞清晰可见,断裂面平整光滑,呈现出明显的张拉断裂特性;在冲击靶距为 100 mm 时,冲击坑表面周围破碎,破裂面内冲击坑洞不明显,试块沿纵向主裂纹破裂,次级裂纹非常发育;在冲击靶距为 300 mm 时,试块沿 45°主裂纹破裂,裂纹贯穿长度较小,试块破碎程度较大;在冲击靶距为 400 mm 时,试块沿多条主裂纹破裂,破裂面凹凸不齐,破裂程度较大。

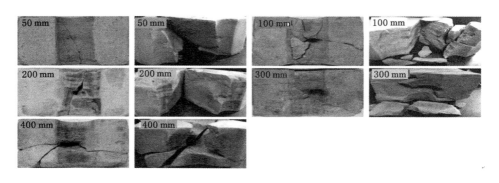

图 5-18　受冲击钻孔试块的表面破裂特性

根据上述试验结果可得:在 12 MPa 水射流连续冲击试块时,靶距越小,试块受到的冲击力越大,其破裂方式多为沿主裂纹贯穿劈裂;随着靶距的增加,水射流的冲击能力减弱,试块破裂方式变为水压和冲击共同引起的裂纹扩展破裂,试块的破裂度增大,主裂纹由单一纵向裂纹(90°)逐渐发展为 45°裂纹和横向裂纹并存的多裂纹形式。

对不同试验条件下普通试块和钻孔试块的冲击坑破裂特征参数进行统计,包括冲击坑的破裂深度、平均直径、坑洞面积、裂纹数等,结果如表 5-4 所示。

表 5-4　试块冲击坑破裂特征参数统计表

射流压力/MPa	冲击靶距/mm	普通试块冲击坑特征参数				钻孔试块冲击坑特征参数			
		深度/mm	平均直径/mm	面积/cm²	裂纹/条	深度/mm	平均直径/mm	面积/cm²	裂纹/条
12	50	5.53	14.62	2.41	1	2.75	17.70	1.88	1
	100	15.45	22.35	2.15	1	11.24	18.57	3.43	6
	200	6.24	15.31	1.78	1	8.33	19.01	2.93	1
	300	18.37	21.55	2.57	3	14.51	37.85	6.65	4
	400	27.64	23.53	4.40	3	23.48	32.96	6.31	4

　　图 5-19 是不同靶距条件下普通试块和钻孔试块的冲击坑深度分布。由图可见,随着冲击靶距的增加,试块的冲击坑深度不断增大,这是由于水射流的冲击力减小,使得试块破裂需要更深的冲击坑洞来为水压提供作用面积所致;相同冲击条件下,钻孔试块的冲击坑深度小于普通试块,这与其冲击坑面积大小有关。

　　图 5-20 是不同靶距条件下普通试块和钻孔试块的冲击坑面积分布。由图可见,随着冲击靶距的增加,普通试块的冲击坑面积呈现先减小后增大的变化趋势,钻孔试块的冲击坑面积呈现出递增的趋势;相同冲击条件下,钻孔试块的冲击坑面积大于普通试块。

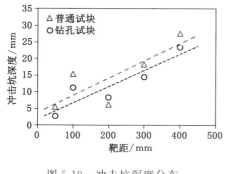

图 5-19　冲击坑深度分布

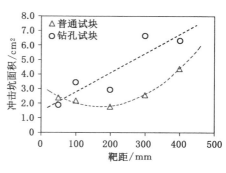

图 5-20　冲击坑面积分布

　　综上分析,水射流连续冲击试块直至破裂时,钻孔试块的冲击坑深度较小,冲击坑面积和表面应变都较大,冲击破裂时间较长;靶距越小,试块受到的冲击力越大,试块多沿纵向主裂纹贯穿劈裂,随着靶距的增加,水射流的冲击能力减弱,试块冲击坑的深度和面积都增加,试块的破裂度增大,冲击破裂所需的时间增长,且破裂方式发生改变。

5.5 水射流破煤岩的时效特性和热效应

水射流的冲击时间是影响其破煤岩效果的重要因素之一[130]。根据前文实验结果,选择在水射流出口水压为 10 MPa、靶距为 15～400 mm 时,进行水射流间隔冲击试块试验,冲击时间间隔为 10 s。由于水射流冲击试块过程中冲击坑的面积较为稳定,而冲击坑深度的变化较为明显,因而选择冲击坑深度作为评价水射流冲蚀情况的指标。在不同冲击靶距条件下,试块的冲击坑深度随时间的变化关系如图 5-21 所示。

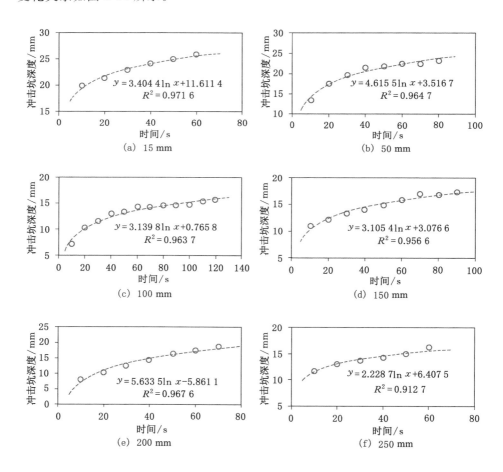

图 5-21　不同冲击靶距下冲击坑深度随时间变化关系

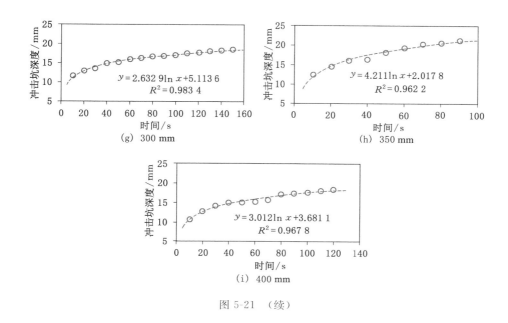

图 5-21　(续)

从图 5-21 中可以看出，水射流在首次冲击试块时，产生了较大的冲击坑深度；随着冲击时间的增加，冲蚀的质量随之增大，冲击坑的深度不断增加；当时间增加到一定值后，水射流冲蚀的质量逐渐趋于平稳，冲击坑的深度趋于稳定。在不同冲击靶距条件下，冲击坑的深度与时间符合对数函数关系，且具有较好的拟合度（图 5-22），因而可以用下式对其进行描述：

$$S = A \ln t + B \qquad\qquad (5\text{-}10)$$

式中，S 为冲击坑深度，m；t 为水射流冲击时间，s；A、B 为常数。对不同靶距试验拟合公式中的常数 A 和常数 B 进行统计，如图 5-23 所示，可以看出随着靶距的增加，常数 A 在 2.2～4.6 的范围内变化，且呈现出"M"形的变化趋势，常数 B 与其变化趋势相反，在 0.7～11.8 的范围内呈现出"W"形的变化趋势。

对不同靶距试块在水射流冲击 10 s、20 s 和 30 s 时的冲击坑深度进行统计，如图 5-24 所示。由图可见，在靶距较小时，由于受到水射流核心区的直接冲击，冲击坑的深度明显较大；随着靶距的增加，水射流核心区的断面逐渐减小，使得冲击坑的深度逐渐变浅，并在靶距 100 mm 处达到最小，此时水射流进入基本段；之后随着靶距的增加，水射流基本段的断面逐渐增大，冲击坑的深度也不断增加。从图中还可以看出，试块受到水射流的冲击时间越长，冲击坑的深度越深；随着冲击时间的增加，冲击坑深度的增加幅度逐渐减小。

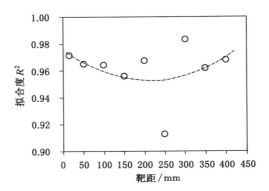

图 5-22　公式拟合度随靶距的变化关系

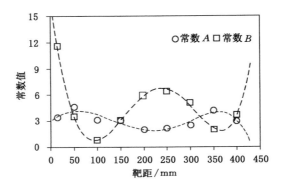

图 5-23　常数 A 和 B 随靶距的变化关系

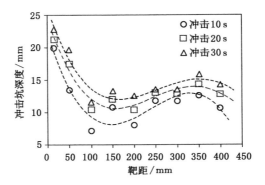

图 5-24　不同靶距试块在水射流冲击 30 s 内的冲击坑深度分布

图 5-25 是不同靶距的试块在破裂前 10 s 和破裂后的冲击坑深度分布。由图可以看出,在冲击靶距小于 100 mm 前,随着靶距的增加,冲击坑的深度逐渐减小,这是受到水射流核心区的影响;在靶距大于 100 mm 后,冲击坑的深度随靶距的增加逐渐变大,这与前文的试验结果相一致。从图中还可以发现,试块在破裂瞬间冲击坑的深度增加显著,破裂前后增幅平均为 5.45 mm。

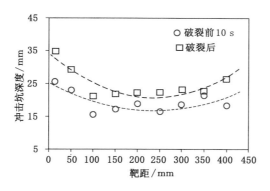

图 5-25　不同靶距的试块破裂前后的冲击坑深度分布

红外热成像技术能够反映岩体的破坏过程,近年来已经成为研究岩石力学的良好手段[131-132]。根据热弹效应和摩擦热效应,水射流在冲击煤岩体的过程中会产生热辐射,前者发生在煤岩的弹性变形区,后者发生在煤岩的塑性破坏区[133]。国内外研究表明[134],球形颗粒垂直冲击靶体表面时,90% 的动能会消耗在靶体材料的变形上,其中大约 80% 的能量会以热辐射的形式散失,剩余的10% 以形成晶体错位或缺陷的形式储存在材料内。水射流冲击煤岩体的过程可以看作是一个个高速运动的水颗粒对煤岩体的撞击过程,因此,通过测试水射流冲击过程中的红外辐射演化特征,可以从能量的角度对水射流破煤岩过程进行分析。

利用 Fluke 公司生产的 Ti32 型高性能红外热像仪,观测水射流冲击过程中试块表面的红外辐射变化,水射流出口水压为 10 MPa,冲击靶距为 300 mm,每次拍摄间隔 10 s。测试前开启水射流设备连续运行 20 min,待确保环境温度、湿度稳定后开始试验。水射流冲击测试现场及其红外热像如图 5-26 所示,可以看出测试时环境温度稳定在 40.5 ℃,从喷嘴喷射出的水射流在冲击试块前温度恒定,均为 42.9 ℃。测试前试块表面的红外热像如图 5-26(c)所示,从图中可以看出,在水射流冲击试验前试块表面温度均衡,平均温度为 40.5 ℃,与测试环境温度相同。

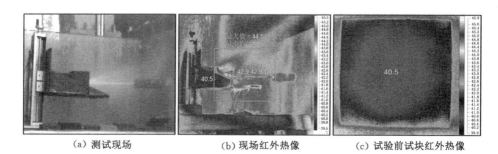

|（a）测试现场|（b）现场红外热像|（c）试验前试块红外热像|

图 5-26　水射流冲击测试现场及红外热像

图 5-27 是在不同冲击时间时试块正面冲击坑的红外热像。从图中可以看出,在水射流冲击 10 s 时试块表面出现冲击坑,在冲击坑中心处温度最高,达到43.5 ℃,距冲击坑越远温度越低;随着水射流冲击时间的增加,冲击坑的面积基本不变,冲击坑中心处的温度逐渐上升,同时冲击坑周围的增温范围不断扩大;在冲击 90 s 时,冲击坑中心处的温度达到 45.1 ℃,较水射流冲击前的 40.5 ℃上升 4.6 ℃。

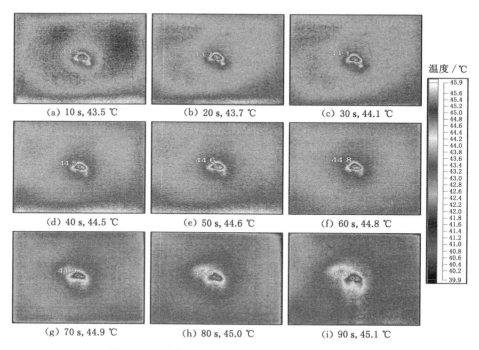

图 5-27　不同冲击时间试块正面冲击坑的红外热像

图 5-28 是在不同冲击时间时试块侧面的红外热像。从图中可以看出,试块侧面温度普遍低于正面,距离水射流冲击面越近,试块侧面的温度越高;随着水射流冲击时间的增加,试块正面冲击坑周围的温升范围逐渐增大,同时,试块侧面的温度也不断上升,并且温度上升的范围不断扩大;在冲击 90 s 时,试块侧面的温度上升范围是冲击 10 s 时的两倍,这是水射流不断侵入试块内部的表现。

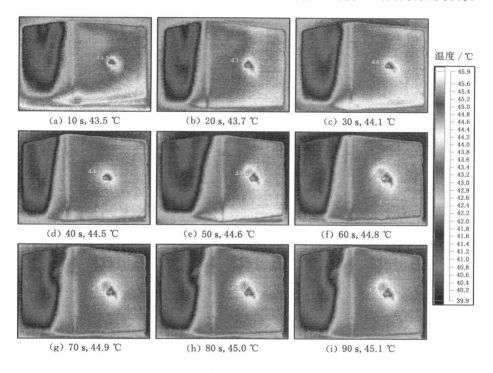

(a) 10 s, 43.5 ℃　　　(b) 20 s, 43.7 ℃　　　(c) 30 s, 44.1 ℃

(d) 40 s, 44.5 ℃　　　(e) 50 s, 44.6 ℃　　　(f) 60 s, 44.8 ℃

(g) 70 s, 44.9 ℃　　　(h) 80 s, 45.0 ℃　　　(i) 90 s, 45.1 ℃

图 5-28　不同冲击时间试块侧面的红外热像

图 5-29(a)是试块破裂后断裂面上的红外热像。从图中可以看出,试块沿 45°主裂纹贯穿劈裂,水射流在试块前部形成了明显的冲击坑洞,冲击坑中心处温度较高,并且温度以其为圆心向四周衰减,温度上升的这一区域为水射流的冲击破碎区;而在试块后部的温度分布较为均匀,说明其未受到水射流的直接冲击,这一区域是变形能累计达到极限值后,试块发生张拉断裂的区域。

图 5-29(b)是试块断裂面上检测线的温度分布图,可以看出右侧试块正面上的温度较为接近,维持在 44.3 ℃附近;沿冲击坑向内温度逐渐升高,在冲击坑底部达到最大值 45.1 ℃;之后,在试块内部温度逐渐降低;试块在左侧靠近表面处温度再次升高,这是由于表面的温度向内传递所致。

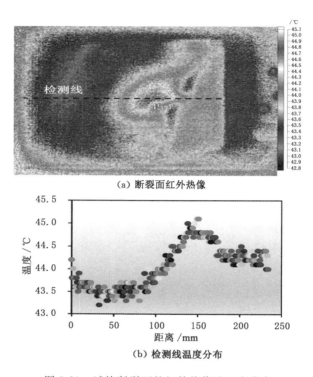

（a）断裂面红外热像

（b）检测线温度分布

图 5-29　试块断裂面的红外热像及温度分布

综上分析，在水射流冲击煤岩体过程中，水射流的动能在冲击坑内转化为煤岩体的内能，一部分能量使煤岩体破碎，不断增加冲击坑的深度并产生热辐射，而另一部分能量在煤岩体内不断积聚，转化为煤岩体的变形能，当积聚的变形能足够大时，靶体发生破裂。

5.6　钻孔水射流冲击破煤岩机制

根据实验结果及射流冲击煤岩特性，可以将水射流的冲击破煤岩过程分为 3 个阶段：一为接触阶段，这一阶段发生在水射流接触煤岩表面的瞬间，冲击应力从射流作用中心迅速扩散，水压迅速上升形成受压密集区域；二为水锤压力阶段，水射流前端完全接触煤岩表面之后形成水锤压力，这一阶段时间短、作用力大，是造成煤岩破裂的主要原因；三为滞止压力阶段，上一阶段结束之后水锤压力转变为滞止压力，煤岩体承压逐渐稳定。煤岩体内部的应力传导也与空间上的传播距离有关，随着煤岩体内部距作用点距离的增加，水锤压力和滞止压力的最大径向压力都逐渐降低,且水锤压力大小受距离影响尤其显著,因而也可将煤岩体内部的径向应力传导分为 3 个阶段:一为压应力主导阶段,在接触瞬间,近距离煤岩微元应力值极大,大量表面煤岩被直接破碎剥离,形成冲击坑区域;二为拉伸应力主导阶段,随着应力传导,煤岩体内部拉伸应力增加,当超过拉伸强度极限时,会出现环形裂纹或破碎;三为张拉应力主导阶段,当射流压力突破煤岩的抗压极限后,则会发生贯穿的张拉断裂。煤岩内部应力随距作用点距离变化如图 5-30 所示。

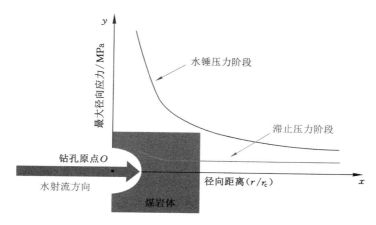

图 5-30　煤岩内部应力随距作用点距离变化

　　结合前文研究,充分考虑水射流的冲击破煤岩过程,提出了水射流的多层级冲击破煤岩机制,即钻孔内水射流冲击造成的煤岩体破坏,实质上是水射流的冲击载荷(动载)和孔隙压力载荷(静载)共同作用的结果(图 5-31),实验结果已证实在水射流冲击强度较大(压力大、靶距小)时,煤岩体的破坏以动载为主,这种破坏形式有以下特点:① 应力传导阶段为张拉应力主导阶段,高强度水射流直接突破煤岩体抗压极限,快速破碎煤体结构;② 冲击坑深度较深但作用面积较小;③ 留下的裂纹条数较少,多为贯穿整体的张拉断裂,断裂面平整光滑。而在水射流冲击强度较小(压力小、靶距大)时,煤岩体的破坏以动静载结合为主,这种破坏形式主要有以下特点:① 应力传导阶段为拉伸应力主导阶段,以环形破碎为主要特征;② 破坏时间长,冲击坑深度浅,直径和面积较大;③ 留下的裂纹条数多,断裂面不平整且没有贯穿损伤。另外,内部损伤方面以累计的局部损伤作为主导因素,流体通过水楔作用不断侵入煤岩体微元,将射流冲击应力进一步传导到煤岩体内部,造成更多裂隙通道,从而达到卸压增透的效果。

　　对比实验结果,平面试块和钻孔试块分别符合动载为主和动静载结合作用

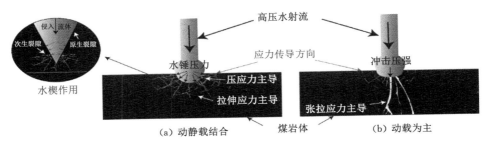

图 5-31　水射流动静载破煤岩机制示意

的破坏形式。以出口压力 16 MPa 下破坏的两种试块为例,水射流冲击平面和钻孔造成的断裂特征有所不同(图 5-32):平面试块沿 45°主裂纹劈裂,断裂面平整光滑,呈切削状损伤,冲击坑较深且底部存在球形冲击痕迹;钻孔试块沿 90°主裂纹劈裂,断裂面凹凸不平,呈现典型的动静载结合破坏特征。前文的实验结果也表明在同等参数条件下钻孔试块相较于平面试块破坏时间更长,冲击坑面积及直径更大且破坏后裂纹条数更多;在冲击过程中,平面试块的顶部应变随时间变化明显,张拉应力不断增大,钻孔试块应变数据则始终保持稳定。因此进一步验证水射流对不同接触面形状的煤岩体破坏形式存在差异,钻孔水射流对煤岩体的破坏形式以动静载结合为主。

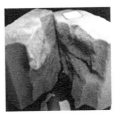

(a) 普通试块　　　　　　　(b) 钻孔试块

图 5-32　试块断裂面特征

　　因此,水射流冲击破岩是煤岩外部的水射流冲击载荷(动载)和内部的孔隙压力载荷(静载)共同作用的结果。而对于钻孔水射流,动静载结合作用是煤岩破坏的主要形式。这种破坏形式的优点在于在射流压力超过煤岩体应力极限之前,应力会通过水楔作用尽可能地扩散到煤岩体深处,有利于煤层卸压增透。实际应用中,在保证破岩效果的前提下适当降低水射流的冲击强度,有助于提升钻孔水射流对煤岩体的增透效果,并进一步发挥动静载结合作用的优势。而通过监测实时的破碎情况,及时调整射流参数,可以达到最佳的增透效果。

5.7　本章小结

　　本章基于钻孔水射流的结构特征和微裂纹扩展条件,构建了钻孔环境下水射流的破煤岩模型,确定了影响水射流破煤岩性能的关键参数,并通过分析反射角对水射流破坏能力的影响,验证了钻孔条件下水射流作用效果的特殊性,得到了以下结论:

　　(1) 靶体材料相同时,表面形状不改变其门限压力值和承压极限值。与水射流冲击平面相比,相同水射流冲击钻孔时的冲击坑深度较小、面积较大,试块冲击至破裂的时间较长。

　　(2) 水射流压力越高,冲击能力越强,相同时间内形成的冲击坑深度和面积越大;随着靶距的增加,水射流冲击能力减弱,试块破裂度提高,破裂时的冲击坑深度和面积增大,且破裂方式发生改变。

　　(3) 水射流形成的冲击坑深度 S 与时间 t 的关系可用 $S = A\ln t + B$ 表示,随着冲击靶距的增加,常数 A 呈现出 M 形的变化趋势,常数 B 与其变化趋势相反。红外辐射演化特征可以反映水射流的破煤岩过程,随着水射流冲击时间的增加,冲击坑中心处的温度逐渐上升,周围的增温范围不断扩大;在试块破裂时,水射流冲击破碎区温度较高,而在张拉断裂区温度分布较为均匀。

　　(4) 水射流冲击下,煤岩体发生损伤破坏的根本诱因来源于外部的冲击载荷以及内部的孔压载荷,主导破坏的载荷形式不同将影响煤岩体的破坏特征。钻孔水射流对煤岩体的破坏形式以动静载结合的复合作用为主,相较于动载为主的破坏形式,其特点在于可以将射流冲击应力进一步传导到煤岩体内部,造成更多裂隙通道,达到卸压增透的效果。

第6章 钻孔内水射流的冲击损伤特性

在前文研究的基础上,结合现场实际条件建立了数值模型,对钻孔水射流冲击造成损伤的各类影响因素进行研究,为分析卸压增透机理提供支撑,研究结果可帮助该类技术现场应用确定合理技术参数、进一步优化操作工艺。

6.1 钻孔水射流冲击损伤数值模型

数值模型选取深部低透气性煤层现场工况,设计几何及网格划分如图 6-1 所示,其中煤层走向 20 m,倾向 10 m,厚度为 3.5 m,沿煤层厚度方向在走向中央 10 m 处设置有直径为 200 mm 的钻孔,钻孔长度为 2.1 m,在钻孔深入 2 m 处,用高压水射流对煤体进行冲击,水射流喷嘴直径为 2 mm,喷嘴方向与钻孔方向垂直,模型共包含 353 913 个域单元、22 556 个边界单元和 1 755 个边单元。

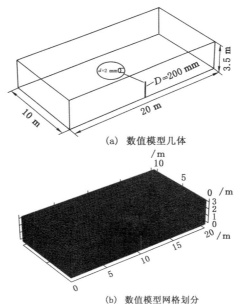

(a) 数值模型几体

(b) 数值模型网格划分

图 6-1 数值模型几何及网格划分

6.2　靶距对水射流冲击损伤的影响

前文研究表明,靶距变化会对水射流的冲击流场和破煤岩效果有一定影响,为了分析其对钻孔周围煤体的损伤特性,选取如图 6-2(a)中截面 O 内的长 2 m、宽 1 m 的矩形区域,观察不同靶距对该区域损伤的影响。模拟结果如图 6-2(b)

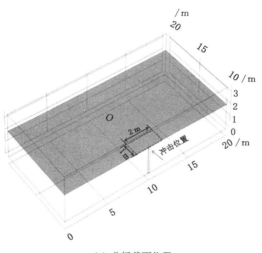

(a) 分析截面位置

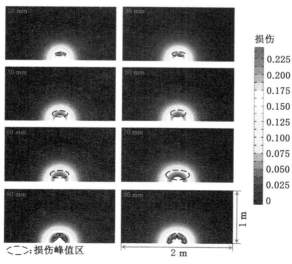

(b) 水射流冲击损伤

图 6-2　不同靶距水射流冲击煤岩损伤特性

所示,可以看出不同靶距水射流冲击钻孔造成的损伤分布特征相似,正对水射流冲击的钻孔壁面损伤破坏最强,随着向煤层内部不断深入,损伤程度逐步降低,最后减小至 0;在水射流冲击钻孔过程中,存在一个损伤峰值区,此区域内损伤值达到最大,且损伤峰值区随着射流靶距的增加不断扩大;值得注意的是,当射流靶距从 70 mm 增加至 80 mm 时,损伤峰值区由中心集中开始向两侧集中,靶距为 90 mm 时更加明显,说明在该靶距条件下水射流冲击对钻孔壁面两侧的损伤已经超过中心区域。

提取图 6-3 所示的分析截线 MN,分别绘制截线位置应力及损伤分布,进一步分析靶距对水射流冲击损伤的影响。结果表明,不同靶距条件下,水射流冲击钻孔 MN 截线位置应力分布特征一致,随着向煤层内部不断深入,应力急剧降低,这是因为水射流冲击应力的传播需要不断克服煤岩体本身的黏聚力,从而改变煤层初始应力状态;不同靶距条件下,水射流冲击煤岩体应力峰值不同,射流靶距越小,应力峰值越大,当射流靶距为 20 mm 时,应力峰值达到了 3.685×10^6 N/m^2,水射流靶距与应力峰值可用 $y = -0.036x + 4.36$ 来拟合,与损伤大小可用 $y = 0.216 e^{\frac{x}{45.36}} + 0.11$ 来拟合。

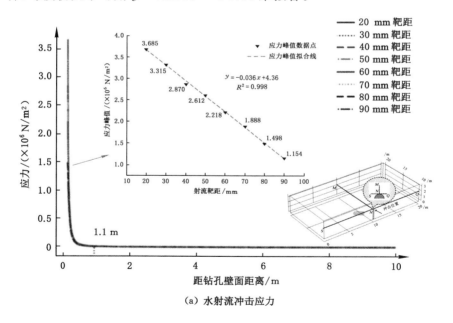

（a）水射流冲击应力

图 6-3　MN 线位置应力及损伤分布

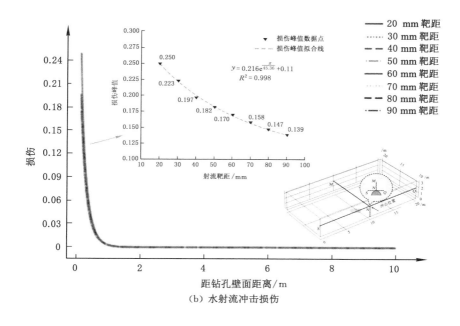

图 6-3　（续）

　　提取图 6-4 所示的分析截线弧 AB，即距钻孔壁面 20 mm 深的煤层内部弧线，分别绘制截线位置应力及损伤分布，结果表明，在 $\theta=90°$ 中心区域，水射流冲击煤岩体应力峰值达到极值，中心两侧煤层应力分布相同，整个弧线 AB 应力分布存在中心应力峰值区和两侧应力峰值区；随着射流靶距的不断增加，中心应力峰值不断降低，相反，两侧应力峰值不断增高；当射流靶距为 30 mm 时，中心应力峰值与两侧应力峰值基本持平，射流靶距继续增大，两侧应力峰值超过中心应力峰值，此时，水射流冲击主要作用区域已偏离钻孔中心。与应力分布类似，弧线 AB 位置损伤以 $\theta=90°$ 中心位置为基准，向两侧对称分布，存在中心损伤破坏区和两侧损伤破坏区；随着射流靶距的不断增加，中心损伤破坏峰值逐步减小，相反，两侧损伤破坏峰值不断增大；当射流靶距为 30 mm 时，中心损伤破坏与两侧损伤破坏基本持平，而当射流靶距超过 30 mm 时，两侧损伤破坏逐步超过中心损伤破坏。

　　工程应用中，为保证钻孔水射流冲击效果，应使水射流冲击范围尽量大，同时保证正对喷嘴中心区域冲击作用最强。定义损伤破坏比为 n，即 $n=$ 中心损伤破坏峰值／两侧损伤破坏峰值，可以表征水射流中心造成的损伤强度。图 6-5 为压力 20 MPa 的水射流在不同靶距条件下冲击钻孔造成的损伤破坏比 n，可以

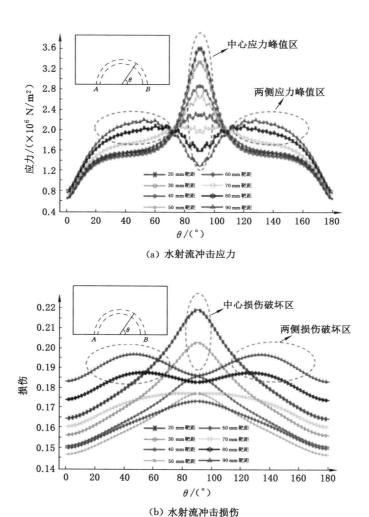

（a）水射流冲击应力

（b）水射流冲击损伤

图 6-4　*AB* 弧截线位置应力及损伤分布

发现当射流靶距为 70 mm,*n* 值最接近于 1,说明此条件下,水射流冲击破煤岩效果最佳,因此,实际工程应用中,为达到较好的钻孔水射流冲击破煤岩效果,应使射流靶距维持在 70 mm 附近。

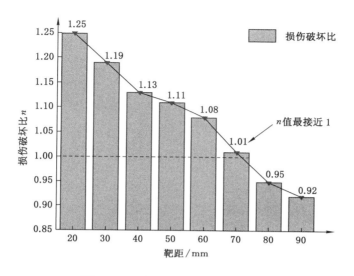

图 6-5　不同靶距水射流的损伤破坏比

6.3　水压对水射流冲击损伤的影响

　　前文研究表明,水射流压力变化会对其冲击流场和破煤岩效果有一定影响,为了分析其对钻孔周围煤体的损伤特性,选取靶距为 70 mm,分析不同压力水射流造成的冲击损伤效果。模拟结果如图 6-6(b)所示,可以看出水射流冲击会对钻孔中心及两侧造成损伤破坏,随着射流压力的不断增加,钻孔水射流冲击损伤效果逐渐变得明显:当射流压力为 2 MPa 时,水射流冲击未对钻孔造成损伤破坏,与前文研究相匹配;当射流压力增大至 10 MPa 时,冲击损伤破坏开始显现;随着射流压力的不断增加,煤体损伤破坏范围逐渐扩张,在正对钻孔中心区域,损伤峰值区的范围也不断扩大,射流压力越大,钻孔水射流冲击能量越大,造成的破煤岩效果越强。

　　提取图 6-7 所示的分析截线 MN,分别绘制截线位置应力及损伤分布,进一步分析压力对水射流冲击损伤的影响。结果表明,不同压力水射流冲击钻孔的应力分布特征相似,随着向煤层内部不断深入,应力传递过程中需要不断克服煤岩体本身的黏聚力,导致应力急剧降低;射流压力越大,应力传播距离越远,同时截线应力峰值越大,射流压力与应力峰值的关系可用 $y = 1.543\mathrm{e}^{\frac{x}{19.89}} - 1.31$ 表示。与应力分布类似,水射流冲击钻孔造成的煤岩体损伤破坏随着向煤层内部的不断深入逐步降低;随着射流压力的增加,截线位置损伤破坏范围逐步增大;当射

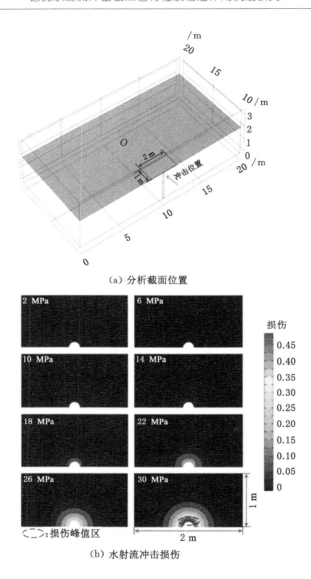

（a）分析截面位置

（b）水射流冲击损伤

图 6-6　不同压力水射流冲击煤岩损伤特性

流压力为 30 MPa 时,损伤破坏范围达到了 1.45 m,射流压力与 MN 截线位置损伤峰值的关系可用 $y = 0.019\mathrm{e}^{\frac{x}{9.25}} - 0.023$ 表示。

提取图 6-8 所示的分析截线 SQ,分别绘制截线位置应力及损伤分布。结果表明,不同压力条件下,钻孔水射流冲击煤岩体应力呈对称分布,正对水射流

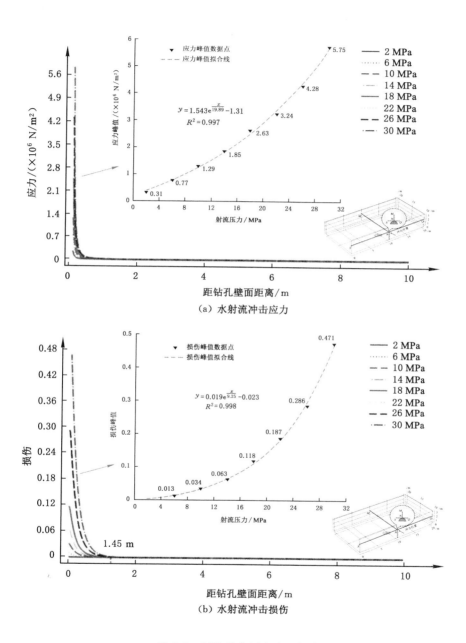

（a）水射流冲击应力

（b）水射流冲击损伤

图 6-7　*MN* 线位置应力及损伤分布

冲击中心应力达到峰值,向两侧应力大小不断降低;射流压力越大,冲击应力影响范围越广。损伤分布有相同变化趋势,由中心区域向两侧逐步降低,射流压力越大,损伤破坏范围越大。

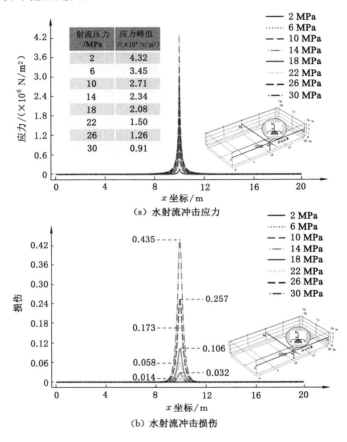

图 6-8　SQ 线位置应力及损伤分布

图 6-9 为 MN 截线和 SQ 截线位置损伤破坏深度对比图,可以看出 SQ 截线位置破坏深度约为 MN 截线位置的 2 倍,然而对比 MN、SQ 截线位置应力及损伤数据,发现 MN 截线位置应力值及损伤值都要略大于 SQ 截线位置,这是由于水射流冲击钻孔过程中对 MN 截线与 SQ 截线位置造成的损伤破坏机理不同,对 MN 截线的损伤破坏是由于水射流直接冲击作用导致,而 SQ 截线位置的损伤破坏除水射流直接冲击作用外,部分破坏还来自中心区域冲击破坏后的连带效应;射流压力越大,造成的损伤破坏深度越深,当射流压力为 30 MPa 时,对 MN 截线位置和 SQ 截线位置造成的损伤破坏深度分别达到了 1.09 m 和 2.24 m。实际工程

应用中,为实现较好的钻孔水射流冲击破煤岩效果,在保证施工安全的前提下,射流压力应尽可能增大,但综合考虑安全性及效率,宜优选20~30 MPa的压力。

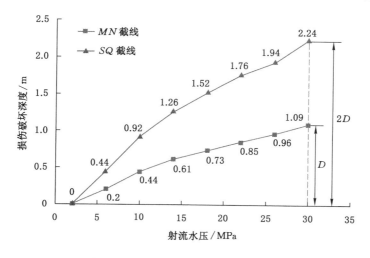

图 6-9　不同截线位置损伤深度对比分析

6.4　接触面曲率对水射流冲击损伤的影响

　　钻孔水射流技术是实现煤层增透、煤层气增产的有效措施,然而受钻孔施工工艺、操作流程等影响,钻孔在使用过程中会产生变形,导致实际使用的钻孔形状更接近于椭圆形。这一现象会改变水射流的冲击影响范围,使得水射流冲击不同曲率接触面的流场及煤岩损伤特性发生变化。采用 COMSOL Multiphysics 建立水射流冲击钻孔模型,煤层为 1 000 mm×500 mm 的矩形,在其下部中心位置设置半椭圆钻孔,两半轴长度分别为 a 和 b,b 半轴固定高度为100 mm,a 半轴长度可变,钻孔下方中心位置布置直径 2 mm 的圆形喷嘴,水射流从圆形喷嘴喷出,对不同曲率接触面进行冲击。定义椭圆弧顶 B 点的曲率半径平方与短半轴长度平方的比值为曲率半径比 n,即 $n=a^2/b^2$,通过调整 n 的大小来改变接触面弯曲程度。

　　图 6-10 所示为不同压力水射流冲击不同曲率接触面的流场和损伤特性。由图可见,当射流压力恒定时,水射流冲击不同 n 值接触面造成的损伤特性有所差异。当 $n<1$ 时,射流对接触面中心及两侧壁面区域均造成明显的损伤破坏,且随着 n 的增加,中心损伤基本不变而两侧损伤逐渐减小,这是由于 n 值越小水射流回流区域越小,高压水射流冲击至接触面中心后,狭小的回流区域限制了流体的流动,大量动能在回流过程中作用于接触面,从而造成两侧损伤加剧,

反之 n 值越大回流区域越大,两侧壁面损伤破坏区域越小。当 $n>1$ 时,随着 n 的增加,回流区域逐步增大,壁面两侧损伤区逐渐消失,中心损伤区逐渐向中心靠拢。不同压力水射流冲击接触面的损伤均可分为两个区域:两侧壁面破坏区和中心破坏区,射流水压越大,对接触面的冲击作用越强,两个区域的损伤越大,但不会改变区域损伤破坏结构。

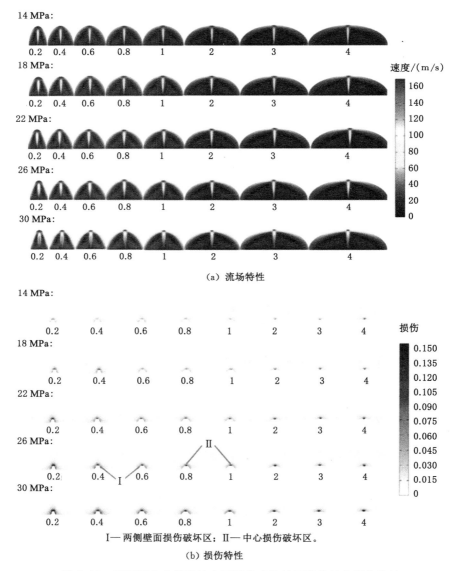

（a）流场特性

I—两侧壁面损伤破坏区；II—中心损伤破坏区。

（b）损伤特性

图 6-10　不同压力水射流冲击不同曲率接触面的流场和损伤特性

　　针对 30 MPa 水射流冲击不同曲率接触面的损伤特性,提取不同深度弧面的损伤数据,结果如图 6-11 所示。以弧线 EF 位置水射流冲击为例,可以看出接触面曲率对水射流冲击损伤有显著影响:当 $n < 1$ 时,水射流对接触面中心区域及两侧壁面均造成了明显的冲击损伤,且两侧损伤大于中心损伤;当 $n > 1$ 时,接触面中心损伤基本不变,但两侧损伤随 n 的增加逐步消失。n 越小,对水射流回流的阻碍作用越大,使得回流过程中对两侧壁面造成的损伤越强;随着 n 的增加,回流区域随之扩大,影响效果也逐步减弱,两侧壁面破坏区不断缩小直至消失。对比不同弧线位置损伤情况还可以发现,不同位置损伤特征相似,均存在中心损伤区和两侧壁面损伤区,距接触面越远,水射流冲击造成的损伤越小,当 $n < 1$ 时两侧损伤范围要明显大于中心,且随距离的增加逐渐明显。

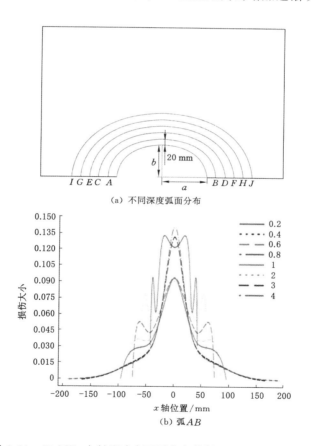

图 6-11　30 MPa 水射流冲击不同曲率接触面的流场和损伤特性

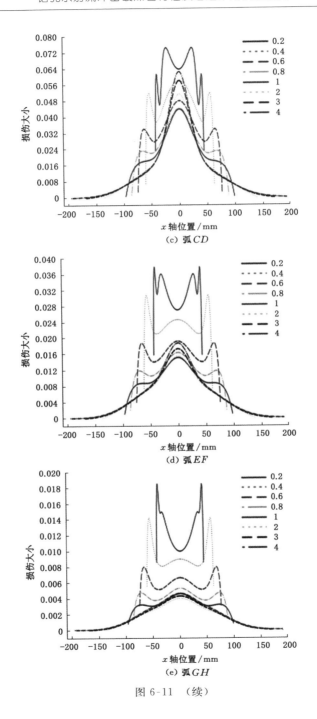

(c) 弧 CD

(d) 弧 EF

(e) 弧 GH

图 6-11 （续）

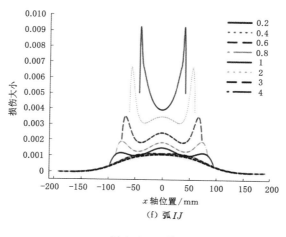

（f）弧 IJ

图 6-11　（续）

通过正交模拟对水射流冲击不同曲率接触面造成的损伤进行分析，结果如图 6-12 所示。由图可以看出，接触面中心损伤深度与射流水压呈正相关，射流水压越大，造成的中心损伤深度越深；相同压力水射流在接触面中心区域造成的损伤深度，随 n 的增加逐步减小，且在 $n<1$ 时，曲率变化对中心损伤深度的影响较大，对应拟合曲线斜率较大，但当 $n>1$ 时受曲率影响较小。这是由于 $n<1$ 时，对水射流的回流限制效果较强，水射流强力冲击下对煤体内部造成了贯穿破

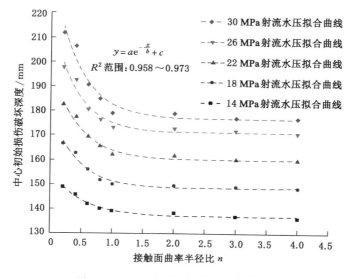

图 6-12　不同曲率接触面中心损伤深度

坏,中心区与两侧壁面区相互连通,促进了损伤的进一步发展,且 n 值越小影响越显著。中心损伤深度与 n 的关系可以用 $y=a\mathrm{e}^{-\frac{x}{b}}+c$ 表示。

6.5 喷嘴直径对水射流冲击损伤的影响

喷嘴直径对水射流的结构速度及动能大小起决定作用,因而对水射流的冲击损伤也有重要影响。目前煤矿广泛使用圆形喷嘴,水流经过喷嘴将压力能转化为动能和少量内能,形成水射流冲击到钻孔壁面,发生剧烈的能量交换,进而造成损伤破坏。模拟结果表明,不同喷嘴直径条件下水射流的流场分布特征相似,整个流场可分为 4 个区域[图 6-13(a)]:① 集中区;② 发散区;③ 回流区;④ 卷吸区。水射流初始速度大小随喷嘴直径的增加逐步降低,流动发散效果逐步减弱,同时"卷吸区"逐渐消失,说明相同压力水射流喷嘴直径越大,冲击造成的损伤越小。水射流冲击造成的中心应力集中区与两侧应力集中区随喷嘴直径的增加逐步减小,当喷嘴出口直径为 6 mm 时,两侧应力集中区基本消失[图 6-13(b)]。

提取不同喷嘴直径水射流在煤体内的应力分布和出口最大压力,如图 6-13(c)和(d)所示,可以发现不同喷嘴直径水射流的应力分布曲线特征相似,应力大小随与钻孔壁面距离的增加逐步降低;喷嘴直径越小,水射流冲击煤体的应力越大,且影响范围越广;而水射流的出口最大压力随喷嘴直径的增加逐渐减小,可用 $y=140.49\mathrm{e}^{-\frac{x}{0.8}}+1.15$ 进行计算。当喷嘴直径为 1 mm 时,最大压力达 41.6 MPa,是直径为 2 mm 射流的 3.6 倍,但由于压力过高,导致喷嘴加工成本与使用寿命不经济,因而应用时宜优选直径为 2~3 mm 的喷嘴。

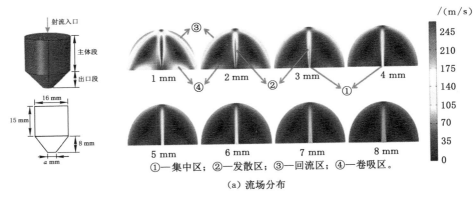

①—集中区;②—发散区;③—回流区;④—卷吸区。

(a) 流场分布

图 6-13 不同喷嘴直径水射流冲击钻孔的流场和应力特征

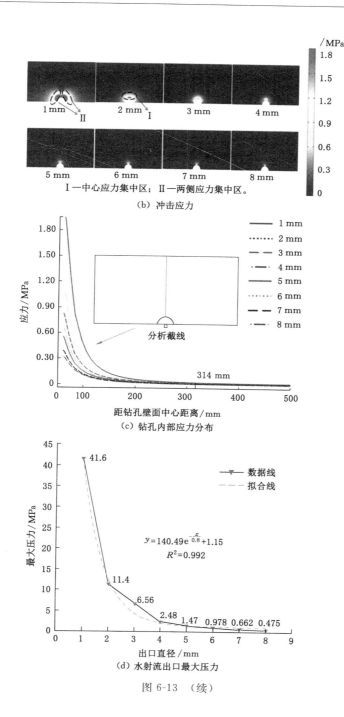

（b）冲击应力

（c）钻孔内部应力分布

（d）水射流出口最大压力

图 6-13 （续）

6.6 射流转速对水射流冲击损伤的影响

为了增加水射流的作用范围和作业效率,煤矿井下常在钻孔内使用基于旋转射流的水力造穴、水力冲孔、水力掏槽等技术,此时水射流的转速对其冲击损伤效果会有较大影响。采用冻结转子法模拟了旋转射流冲击煤岩体的过程,模拟结果如图 6-14 所示,由图可见,转速对射流冲击形态具有明显影响,当喷嘴转速低于 120 r/min 时,转速对射流冲击偏转影响较小,随着转速的继续增大,射流偏转变得明显,当转速为 420 r/min 时,可以发现射流方向已大幅偏离喷嘴轴向。为明确转速对射流偏转的具体影响,提取不同转速射流的偏转角 θ,如图 6-14(b)所示,可以看出射流偏转角随着转速的增加逐渐增大,当转速为 30 r/min 时,射流偏转角仅有 0.2°,而当转速增大至 420 r/min 时,射流偏转角达到 40.8°,相比前者增大了 203 倍;θ 与 n 的关系可用 $y = 14.896\mathrm{e}^{\frac{x}{309.68}} - 16.75$ 来表示。旋转射流产生的离心力会使其冲击方向发生偏转,造成射流连续性变差、冲击力减弱,转速越高这一影响越明显,但若喷嘴旋转过慢,会造成射流作业耗时加长,影响工期进度和水资源用量。整体来看,120 r/min 的转速条件下,射流偏转较小,同时转速适中,应用时宜优选。

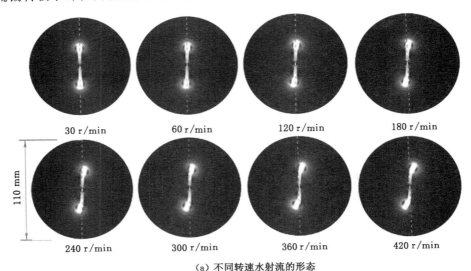

(a) 不同转速水射流的形态

图 6-14 不同转速水射流的形态和偏转角

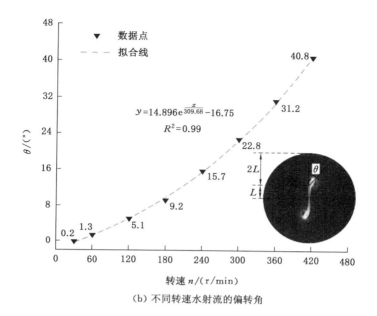

（b）不同转速水射流的偏转角

图 6-14　（续）

　　转速为 120 r/min 的水射流冲击钻孔造成的应力和损伤情况如图 6-15 所示。由图可见，不同压力旋转射流冲击造成的应力分布特征相似，应力随与钻孔壁面距离的增加逐步降低，且射流压力越大，应力影响范围越大，但衰减越快；当射流压力为 30 MPa 时，应力影响范围达到了 4.3 m；冲击产生的应力峰值与射流压力的关系可用 $y=35.37\mathrm{e}^{\frac{x}{26.47}}-33.52$ 表示。此外，不同压力旋转射流冲击造成的损伤特征相似，钻孔周围损伤分布均匀；压力为 2 MPa 的射流产生的损伤较小，与前文研究一致，而当压力增大至 6 MPa 时煤体出现明显损伤区域，损伤范围随射流压力的增加逐渐增大；射流压力越大，造成的损伤程度和范围越大，而随着到钻孔壁面距离的增加，损伤值逐步降低；当射流压力为 30 MPa 时，损伤范围可达 2.315 m。冲击产生的损伤峰值与射流压力的关系可用 $y=0.018\mathrm{e}^{\frac{x}{9.99}}-0.022$ 表示。

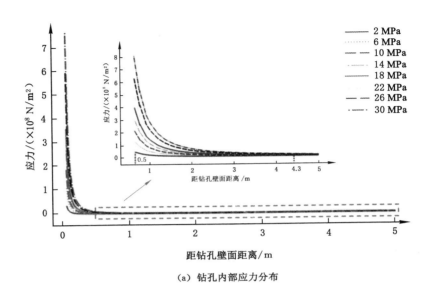

（a）钻孔内部应力分布

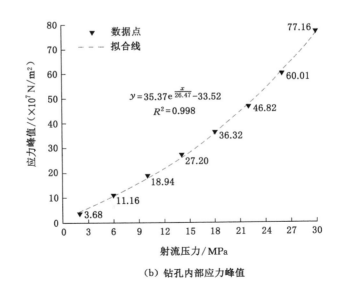

（b）钻孔内部应力峰值

图 6-15　转速为 120 r/min 的水射流冲击钻孔造成的应力和损伤

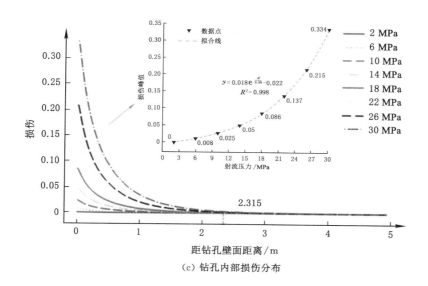

（c）钻孔内部损伤分布

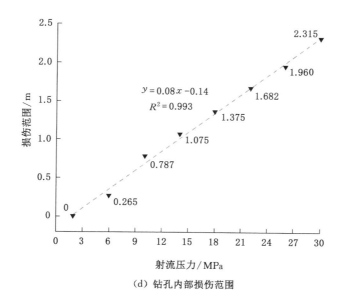

（d）钻孔内部损伤范围

图 6-15　（续）

6.7 本章小结

本章利用数值计算方法,模拟研究了钻孔内水射流的冲击损伤特性,探索了钻孔水射流冲击对煤体的损伤作用,主要阐述钻孔水射流冲击损伤的各类影响因素,阐明水射流对钻孔损伤的宏观影响,得到了以下结论:

(1)钻孔水射流冲击过程中,会在钻孔周围产生中心损伤区和两侧损伤区,随着射流靶距的增加,中心损伤破坏峰值逐渐减小,两侧损伤破坏峰值逐渐增加,当射流靶距为 70 mm 时,损伤破坏比 n 最接近 1,水射流冲击破煤岩效果最佳,实际工程应用中,为达到较好的钻孔水射流冲击破煤岩效果,应使射流靶距维持在 70 mm 附近。

(2)水射流压力越大,冲击对钻孔周围煤体造成的损伤越强,为实现较好的钻孔水射流冲击破煤岩效果,在保证施工安全的前提下,射流压力应尽可能大,但综合考虑安全性及效率,应用时宜优选 20～30 MPa 的压力。

(3)接触面曲率对水射流的冲击损伤有显著影响,在曲率半径比 $n<1$ 时,曲率变化对中心损伤深度影响较大,但损伤区域基本不变,但在 $n>1$ 时,两侧壁面损伤区随 n 的增大逐渐消失。

(4)喷嘴直径越大,水射流的出口最大压力越小,冲击钻孔造成的应力和损伤越小,考虑加工成本与使用寿命,应用时宜优选直径为 2～3 mm 的喷嘴。

(5)水射流转速对其冲击形态影响较大,会使其冲击方向发生偏转,造成射流连续性变差、冲击力减弱,但冲击产生的损伤分布更为均匀,在 120 r/min 的转速条件下,射流偏转较小,同时转速适中,应用时宜优选。

第 7 章　钻孔水射流协同增透作用机制

　　水射流在冲击破碎煤岩体的过程中具有高效、无尘和低热的特性。在穿层抽采钻孔施工后,煤层内的原始应力状态被打破,与钻孔毗邻煤体中储存的应力被释放,区域煤体应力需要重新分布,造成钻孔周围煤体发生损伤和变形;之后,伴随着钻孔抽采瓦斯的进行,煤层中各种采动引起的扰动应力不断作用,使得钻孔周围煤体继续发生损伤和破裂,甚至发生失稳破坏。因此,开展钻孔水射流协同增透作用机制研究,可为大直径水射流钻孔的卸压增透机制研究提供依据,研究结论对于完善水射流钻孔的卸压增透机制和指导现场应用具有重要的意义。

7.1　钻孔径向增透理论

7.1.1　煤层渗透率分析

　　渗透率是煤层瓦斯流动难易程度的度量,它是煤层瓦斯抽采中最为关键的参数[135-136]。煤层的渗透率由其孔隙-裂隙特征参数决定,包括大小、间距、连通性、孔径和矿物填充等[137-138]。国内外研究[139-144]表明,煤层的有效应力、孔隙压力和煤基质收缩都会对渗透率产生影响。

　　目前有关煤层渗透率的研究主要基于两种工程背景:① 煤矿采掘过程导致的应力重新分布;② 瓦斯抽采过程导致的孔隙压力变化与基质收缩。在这些研究中,煤层的渗透率被简化为各向同性状态,煤体的初始渗透率被当作定值,因而对于钻孔抽采瓦斯过程,钻孔引起的渗透率变化也往往被忽略。对于如美国、澳大利亚的高渗透率煤层,煤体强度较高,钻孔施工引起的煤层变形较小,这些简化较为合理;但对于我国广泛分布的高瓦斯突出煤层,煤质松软且渗透率较低,钻孔施工产生的增透作用则不能被忽略,特别是对于采用卸压增透措施的抽采钻孔,其实质是通过多种技术手段对煤储层进行改造,降低煤层应力,增加新生裂隙,改善孔隙结构,从而提高煤层的渗透率[21]。从瓦斯抽采的角度分析,钻孔的卸压增透作用即是为了提高煤层的初始渗透率,因此,需要根据瓦斯抽采钻孔的特性,建立适合描述卸压增透钻孔的渗透率模型。

7.1.2　钻孔径向渗透率模型

渗透率是具有大小和方向的向量,煤体复杂的裂隙系统和应力环境是造成其具有各向异性的主要因素。研究表明,煤储层的层理结构会导致其渗透性具有各向异性,煤层沿层理方向的渗透率高于垂直层理方向,因此瓦斯在煤层中的流动以沿着层理方向为主[145]。近年来,国内外研究人员从煤体的结构特征入手对渗透率的非均质性开展了大量研究[146-148]。然而,对于我国的低透气性的高突煤层,煤体结构破碎松散,节理裂隙非常发育,上述模型不具有适用性。由于松软煤体的结构特征更接近于由颗粒构成的型煤[149],裂隙系统对其渗透率的非均质性影响较弱,因而应力环境的各向异性成为影响煤层渗透率的关键。为了简化问题以便于分析计算,将煤层中复杂而密集的裂隙系统弱化为孔隙结构的一部分,并作如下假设:

(1)穿层钻孔为圆形钻孔,且与煤层垂直。

(2)煤层处于单轴应变条件,原始应力场为静水应力场。

(3)煤层沿层理方向为均质各向同性。

(4)忽略重力的影响。

基于这些假设,穿层钻孔施工后周围煤体的水平应力呈轴对称分布。由于在钻孔周围产生的应力集中大于煤体强度,使得在穿层钻孔周围出现了塑性区和弹性区[150-151]。假设塑性区内的煤体处于极限平衡状态,即应力圆与莫尔-库仑包络线相切,因而钻孔施工后周围煤体的应力分布如下[152-153]:

$$
\sigma_r = \begin{cases} C \cdot \cot \varphi \cdot \left[\left(\dfrac{2x}{R_0} + 1 \right)^{\frac{2\sin \varphi}{1 - \sin \varphi}} - 1 \right], x \leqslant H \\[4mm] \sigma_0 \cdot \left[1 - \dfrac{4H^2}{(2x + R_0)^2} \right] + \dfrac{4H^2}{(2x + R_0)^2} \cdot C \cdot \cot \varphi \left[\left(\dfrac{2H}{R_0} \right)^{\frac{2\sin \varphi}{1 - \sin \varphi}} - 1 \right], x > H \end{cases}
$$

$$
(7-1)
$$

$$
\sigma_t = \begin{cases} C \cdot \cot \varphi \cdot \left[\left(\dfrac{1 + \sin \varphi}{1 - \sin \varphi} \right) \cdot \left(\dfrac{2x}{R_0} + 1 \right)^{\frac{2\sin \varphi}{1 - \sin \varphi}} - 1 \right], x \leqslant H \\[4mm] \sigma_0 \cdot \left[1 + \dfrac{4H^2}{(2x + R_0)^2} \right] - \dfrac{4H^2}{(2x + R_0)^2} \cdot C \cdot \cot \varphi \left[\left(\dfrac{2H}{R_0} \right)^{\frac{2\sin \varphi}{1 - \sin \varphi}} - 1 \right], x > H \end{cases}
$$

$$
(7-2)
$$

$$
H = \frac{R_0}{2} \cdot \left\{ \left[\frac{(1 - \sin \varphi)\sigma_0}{C \cdot \cot \varphi} + 1 \right]^{\frac{1 - \sin \varphi}{2\sin \varphi}} - 1 \right\} \tag{7-3}
$$

式中,σ_0 是煤层原始状态下水平方向的地应力,MPa;σ_r 是钻孔周围煤体的径向应力,MPa;σ_t 是钻孔周围煤体的切向应力,MPa;R_0 是钻孔直径,m;C 是煤体黏聚力,MPa;φ 是煤体内摩擦角,(°);x 是沿钻孔径向到钻孔壁的距离,m;H 是沿钻孔径向从弹性区边界到钻孔壁的距离,m。当 $x \leqslant H$ 时,煤体处于塑性区;当 $x > H$ 时,煤体处于弹性区。

　　钻孔开挖使其周围煤体的应力重新分布,由于弹性区与塑性区边界处应力较大,因而这一位置处煤体的渗透率小于初始渗透率,如图 7-1 所示。

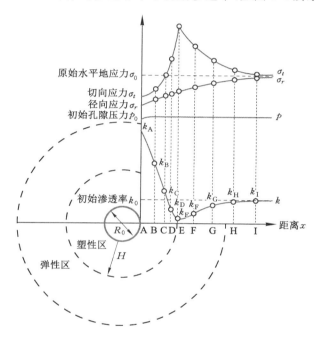

图 7-1　钻孔周围应力和渗透率分布

　　在通过穿层钻孔抽采瓦斯时,煤体内的瓦斯分子在抽采负压作用下沿钻孔径向流向钻孔,因而沿钻孔径向的渗透性对瓦斯抽采影响显著。大量研究表明[144,154],指数型渗透率公式可以准确描述煤体有效应力变化对渗透率的影响,并在瓦斯抽采领域得到了广泛应用,其表达式如下:

$$k = k_0 \exp\left\{-\frac{3}{K_p}\left[(\sigma - \sigma_0) - (p - p_0)\right]\right\} \tag{7-4}$$

式中,k 是煤体渗透率,mD;k_0 是煤体初始渗透率,mD;p 是孔隙压力,MPa;p_0 是初始孔隙压力,MPa;K_p 是煤的孔隙体积模量,MPa。

　　根据上述公式,煤体的渗透率随着有效应力的减小而增大,相关学者[145,155]也通过实验证实原煤和型煤的渗透率均随着应力卸载而逐渐增加。由公式(7-1)可知,穿层钻孔施工后周围煤体沿径向发生卸载,这就使得煤体沿钻孔径向的渗透率增大。因此,本书将钻孔施工后周围煤体的渗透率按方向分解为径向渗透率 k_r 和切向渗透率 k_t,如图 7-2 所示。

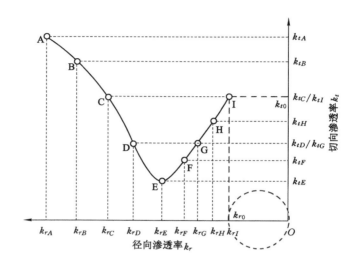

图 7-2　钻孔周围渗透率分解示意图

由于穿层钻孔施工期间周围煤体内的瓦斯涌出量较少,我们认为抽采前煤体内孔隙压力不发生变化,即 $p - p_0 = 0$,则公式(7-4)简化为:

$$k = k_0 \exp\left[-\frac{3}{K_p}(\sigma - \sigma_0) \right] \tag{7-5}$$

将公式(7-1)代入上式,得到穿层钻孔周围煤体的径向渗透率分布:

$$k_r = \begin{cases} k_0 \exp\left\{ -\dfrac{3}{K_p}\left[C \cdot \cot \varphi \left(\left(\dfrac{2x}{R_0} + 1\right)^{\frac{2\sin \varphi}{1-\sin \varphi}} - 1 \right) - \sigma_0 \right] \right\}, x \leqslant H \\ k_0 \exp\left\{ \dfrac{3}{K_p} \cdot \dfrac{R_0^2 \cdot \sin \varphi}{(2x + R_0)^2} \cdot \left[\dfrac{(1-\sin \varphi)\sigma_0}{C \cdot \cot \varphi} + 1 \right]^{\frac{1-\sin \varphi}{\sin \varphi}} \right\}, x > H \end{cases}$$

$$\tag{7-6}$$

从上式可以看出,在煤体初始渗透率 k_0 一定时,钻孔周围煤体的径向渗透率 k_r 随着孔隙体积模量 K_p 的增加或者黏聚力 C 的减小而增大;沿钻孔径向到钻孔壁的距离 x 越大,煤体的径向渗透率 k_r 越小。同时,较高的煤层原始应力

σ_0 可以使钻孔施工后的径向渗透率 k_r 更大。值得注意的是，提高钻孔直径 R_0 也可以使径向渗透率 k_r 增加。

穿层钻孔施工后周围应力分布不均，造成距离钻孔不同位置处的煤体渗透率存在差异，因而笔者认为，对于通过钻孔抽采煤层瓦斯的过程（尤其是采用卸压增透措施的钻孔），应采用径向渗透率作为初始渗透率进行计算，如下式所示：

$$k = k_r \exp \left\{ - \frac{3}{K_p} \left[(\sigma - \sigma_0) - (p - p_0) \right] \right\} \tag{7-7}$$

7.1.3　钻孔径向增透率分析

谢和平等[156]针对煤体在支承压力变化和水平应力卸荷作用下产生的高度破裂，以体积改变量为切入点，提出增透率这一新力学量来反映煤体的增透效果。增透率的本质是反映煤体渗透率的增大程度，基于这一数学描述，可将增透率定义为采动影响下煤岩体内渗透率的相对增量百分比，记为 ω，其表达式为：

$$\omega = \frac{k - k_0}{k_0} \times 100\% = \left(\frac{k}{k_0} - 1 \right) \times 100\% \tag{7-8}$$

式中，ω 为无量纲增透率；k_0 和 k 分别为煤体的初始渗透率和某一状态下的渗透率。前文分析表明，钻孔施工会对周围煤体产生强烈扰动，使得煤体的径向渗透率增加，因而可以使用径向增透率 ω_r 描述钻孔对煤体的增透程度，即：

$$\omega_r = \frac{k_r}{k_0} - 1 = \begin{cases} \exp \left\{ - \dfrac{3}{K_p} \left[C \cdot \cot \varphi \left(\left(\dfrac{2x}{R_0} + 1 \right)^{\frac{2\sin \varphi}{1-\sin \varphi}} - 1 \right) - \sigma_0 \right] \right\} - 1, & x \leqslant H \\ \exp \left\{ \dfrac{3}{K_p} \cdot \dfrac{R_0^2 \cdot \sin \varphi}{(2x + R_0)^2} \cdot \left[\dfrac{(1 - \sin \varphi)\sigma_0}{C \cdot \cot \varphi} + 1 \right]^{\frac{1-\sin \varphi}{\sin \varphi}} \right\} - 1, & x > H \end{cases}$$

$$\tag{7-9}$$

由于径向渗透率 k_r 是距离 x 和钻孔直径 R_0 的函数 $k_r = f(x, R_0)$，为了分析变量 x 和 R_0 对径向增透率 ω_r 的影响，以平顶山矿区东部的己$_{15}$煤层为例，利用 Mathematica 软件进行计算，得到钻孔径向增透率的解析解，如图 7-3 所示。

从图 7-3 中可以看出，穿层钻孔周围煤体的径向增透率 ω_r 受到钻孔直径 R_0 和距离 x 的影响显著。钻孔直径越大、到钻孔距离越近，煤体的径向增透率越高。

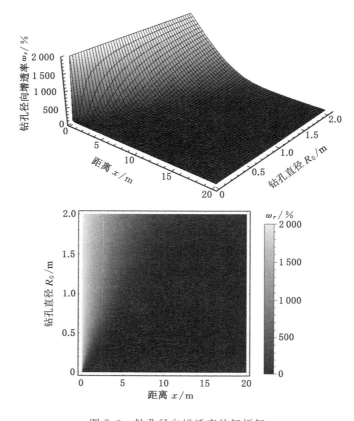

图 7-3　钻孔径向增透率的解析解

　　图 7-4 是径向增透率随距离的变化曲线。从图中可以发现,在钻孔壁处的径向增透率最大,钻孔的增透效果最好;随着到钻孔距离的增加,煤体的径向增透率逐渐减小,钻孔的增透效果逐渐减弱;在距离增大到一定值后,煤体的径向增透率趋于零,表明钻孔对该区域没有增透效果。从图中还可以看出,钻孔直径的取值越大,径向增透率下降为零所需的距离越长,因而钻孔的增透范围越大。

　　图 7-5 是径向增透率随钻孔直径的变化曲线。从图中可以看出,钻孔径向增透率随钻孔直径的增加呈现出逐渐增大的变化趋势,且变化曲线呈"S"形分布,表现出明显的非线性和有界性;距离钻孔越近,煤体的径向增透率越大,随着到钻孔距离的增加,变化曲线的倾斜程度逐渐增大,煤体的径向增透率逐渐减小,钻孔的增透效果减弱。在钻孔直径小于 0.2 m 时,距离钻孔 1 m 处的煤体的

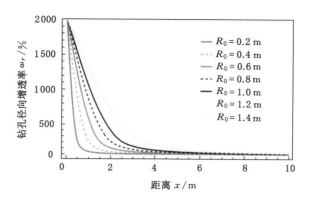

图 7-4　钻孔径向增透率与距离的关系

增透效果不显著,因而普通钻孔对煤体的增透作用较差;随着钻孔直径的增加,相同位置煤体的增透率迅速增大。因此,增大钻孔直径可以有效提高周围煤体的径向增透效果。

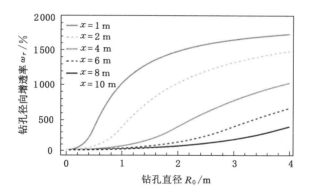

图 7-5　钻孔径向增透率与钻孔直径的关系

综上分析,增加钻孔直径是一种提高煤层径向增透效果的有效方法。对于低透气性的松软高突煤层,通过增加煤层内的钻孔直径,可以扩大周围径向应力的卸载范围,增加煤体的渗透率,提高瓦斯抽采量;同时,大直径的抽采钻孔可为松软煤层提供充足的变形空间,增加抽采过程的可靠性,保障瓦斯抽采效果。

7.2 水射流钻孔对煤体裂隙演化的影响

水射流钻孔施工以后,煤层内的应力平衡状态被打破,钻孔周围煤体储存的应力被释放,这就使得煤体发生变形和破坏,并在钻孔周围产生裂隙。由于煤是由许多微小颗粒组成的沉积矿产,对于裂隙系统非常发育的松软高突煤层,其颗粒属性更为显著。采用连续介质的方法可以从宏观上分析煤的力学特性,而采用由颗粒填充的颗粒流模型可以从较小的尺度分析其断裂特性。因此,为了分析水射流钻孔施工后周围煤体的裂隙扩展规律,本节采用颗粒流分析程序 Particle Flow Code 2D(PFC²ᴰ)开展数值模拟研究。

7.2.1 颗粒流离散元模型

建立了 15 m×15 m 的正方形煤体模型,在模型边界内随机生成颗粒,颗粒之间采用平行黏结,且粒径服从均匀分布。模型中的微观参数采用河南平顶山矿区的标准煤样通过多次标定得到,如表 7-1 所示。

表 7-1　模型参数

颗粒参数				平行黏结参数				
密度 /(kg/m³)	法向刚度 /(N/m)	切向刚度 /(N/m)	摩擦系数	黏结半径 /m	法向强度 /MPa	切向强度 /MPa	法向刚度 /(N/m)	切向刚度 /(N/m)
1 450	$5×10^9$	$5×10^9$	0.4	1	4	4	$2×10^9$	$2×10^9$

为了分析钻孔开挖后煤层内的裂隙演化规律,本章设计了 3 种数值模拟方案:

(1)单孔模型。在模型中心处开挖单一钻孔,分析钻孔直径不同时煤体的裂隙演化特性。

(2)双孔模型。在模型中心开挖两个相同钻孔,分析钻孔直径和间距对孔间煤体裂隙演化的影响。

(3)多孔模型。在模型中均匀开挖 9 个相同钻孔,模拟区域煤体施工钻孔后的裂隙演化特征。

7.2.2 煤体能量演化规律

煤体经过漫长的地质作用形成了较为稳定的煤体结构和原岩应力,大量能量以应变能的形式储存在原始煤体中。在钻孔开挖后,周围煤体产生向钻孔空间运动的趋势,使得煤体内储存的应变能以动能的形式释放。考虑到颗粒的平动和转动,钻孔开挖后煤体的动能可以由各个颗粒动能叠加计算[157]:

$$E_k = \frac{1}{2} \sum_{N_p} \sum_{i=1}^{3} M_{(i)} v_{(i)}^2 \qquad (7\text{-}10)$$

$M_{(i)}$ 和 $v_{(i)}$ 可以由式(7-11)和式(7-12)计算:

$$M_{(i)} = \begin{cases} m & (i = 1, 2) \\ I & (i = 3) \end{cases} \qquad (7\text{-}11)$$

$$v_{(i)} = \begin{cases} x_{(i)} & (i = 1, 2) \\ \omega_{(i)} & (i = 3) \end{cases} \qquad (7\text{-}12)$$

式中,E_k 为煤体的动能,J;N_p 为模型颗粒总数;$M_{(i)}$ 为颗粒的广义质量,kg;$v_{(i)}$ 为颗粒的广义速度,m/s;m 为颗粒的质量,kg;I 为颗粒的转动惯量,kg·m²;$x_{(i)}$ 为颗粒的平均速度,m/s;$\omega_{(i)}$ 为颗粒的转动速度,r/min。

在煤体模型运算平衡后开挖圆形钻孔,开挖后典型的煤体动能变化曲线如图 7-6 所示。从图中可以看出,开挖钻孔后煤体的动能变化经历了先增加后减少的过程,根据曲线特征可以将其分为 4 个阶段:能量快速释放阶段(Ⅰ)、能量稳定释放阶段(Ⅱ)、能量回收储存阶段(Ⅲ)和能量平衡阶段(Ⅳ)。在能量快速释放阶段(Ⅰ),钻孔开挖破坏了周围煤体的应力平衡状态,煤体颗粒产生了较大的加速度,使得颗粒间的应变能快速转化为动能释放;在能量稳定释放阶段(Ⅱ),应变能的转变由钻孔表面向煤体深部转移,系统动能稳定增加;而在能量回收储存阶段(Ⅲ),由于煤体的自稳特性[157],部分释放的动能重新转变为应变能进行储存,系统的动能逐渐减小;在煤体内部重新达到稳定状态后,变化曲线进入能量平衡阶段(Ⅳ),系统的动能趋于零。

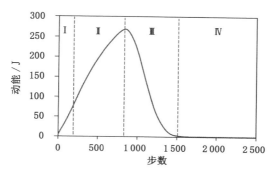

图 7-6　圆形钻孔开挖后的动能变化曲线

7.2.3 单孔裂隙演化特性

随着钻孔开挖引起的系统能量变化,煤体内部颗粒间的连接发生破坏,钻孔周围出现裂隙并不断发育。图 7-7 反映了不同直径单一钻孔开挖后周围煤体的裂隙演化过程,图中的 4 个阶段(Ⅰ、Ⅱ、Ⅲ、Ⅳ)与动能的 4 个变化阶段对应。在钻孔开挖后(Ⅰ),周围煤体的能量快速释放,钻孔壁首先破裂并产生裂隙;随着煤体内能量的不断转化(Ⅱ、Ⅲ),钻孔周围的裂隙不断产生并向钻孔内部延伸;在能量达到稳定状态后(Ⅳ),煤体不再破裂,裂隙系统逐渐稳定。从不同直径钻孔的裂隙演化过程可以看出,钻孔直径是影响裂隙发育的关键因素,钻孔直径越大,周围煤体在各阶段的裂隙越发育,且裂隙的数量和分布范围都会增加。

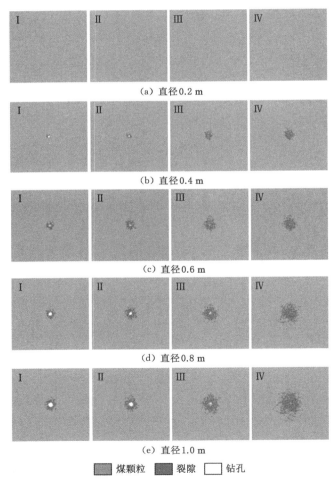

图 7-7　不同直径单一钻孔开挖后的裂隙演化过程

　　煤体颗粒的接触力可以反映煤体发生破裂的趋势,可以表征煤体破坏后裂隙方位及形态。不同直径单一钻孔开挖后周围煤体的接触力分布如图 7-8 所示。从图中可以看出,煤层内的接触力主要以压应力和张应力为主,压应力的分布较为广泛,张应力在钻孔周围较为集中。研究表明,当煤体内的张应力超过颗粒间的连接强度时,煤体颗粒间的连接被破坏,导致该区域出现裂隙[157]。在钻

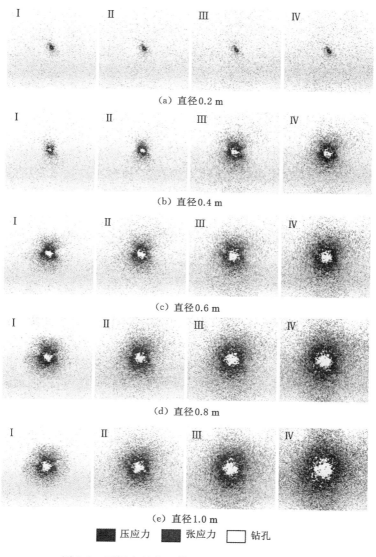

图 7-8　不同直径单一钻孔开挖后的接触力分布

孔施工后,张应力集中在钻孔周围,使得这一区域煤体发生破坏;随着煤体能量的不断释放,钻孔周围裂隙数量不断增加,张应力逐渐向煤体内部转移,同时其强度逐渐降低;在张应力不足以破坏颗粒间的连接时,钻孔周围的裂隙不再发育,煤体达到稳定状态。对比不同直径钻孔的接触力变化特征可以发现,钻孔周围接触力的分布范围随钻孔直径的增加而增大,同时张应力所占的比例和强度不断提高,因而大直径水射流钻孔周围的裂隙更加发育。

图 7-9 是不同直径单一钻孔在开挖达到稳定状态后,沿钻孔轴向剖面的裂隙分布特征,图中①是模型的颗粒结构,②是钻孔周围的接触力分布,③是钻孔周围的裂隙分布。从图中可以看出,钻孔周围的接触力以张应力为主,表明煤体内的裂隙多为张拉破坏造成;随着到钻孔距离的增加,张应力所占的比例逐渐减少,压应力所占的比例增大,且二者应力值均降低;在煤体裂隙边界处,张拉应力达临界值,煤体颗粒连接不再破坏,因而裂隙不再发育。随着煤体内钻孔直径的增加,张应力达到临界值的距离增大,钻孔周围的裂隙数量和范围都不断提高。因此,在煤层中施工大直径水射流钻孔,有利于煤体裂隙的发育和扩展,有助于煤体渗透率的增加,可以提高煤层的瓦斯抽采效果。

7.2.4 孔间裂隙演化特性

为了分析相邻钻孔对裂隙扩展的影响,在煤体模型中开挖不同直径、不同间距的两个圆形钻孔,钻孔直径分别为 0.2 m、0.4 m、0.6 m、0.8 m 和 1.0 m,两孔间距分别为 2 m、3 m、5 m、7 m 和 9 m,鉴于篇幅所限,选择其中部分结果进行分析。

7.2.4.1 钻孔间距的影响

固定钻孔直径为 0.6 m,间距不同的两个钻孔开挖后周围煤体的裂隙演化过程如图 7-10 所示,图中的 4 个阶段与动能的 4 个变化阶段对应。

从图 7-10 中可以看出,在钻孔开挖后(Ⅰ),周围煤体的能量快速释放,钻孔破裂并产生裂隙;随着煤体能量不断释放(Ⅱ、Ⅲ),钻孔周围的裂隙大量萌生,并向相邻钻孔发展;在系统达到稳定状态后(Ⅳ),煤体颗粒间不再断裂,钻孔周围的裂隙分布趋于稳定。从不同间距条件下的裂隙演化过程可以看出,钻孔间距较小时,钻孔间的相互影响显著,煤体内的裂隙数量和分布范围都较大,孔间区域的裂隙充分发育、连通;随着钻孔间距的增加,两孔间的相互作用减弱,孔间煤体的裂隙数量逐渐减少;在钻孔间距大于 5 m 后,相邻钻孔对煤体裂隙的影响较弱,孔间区域裂隙较少且不连通,单一钻孔周围裂隙的分布较为独立。

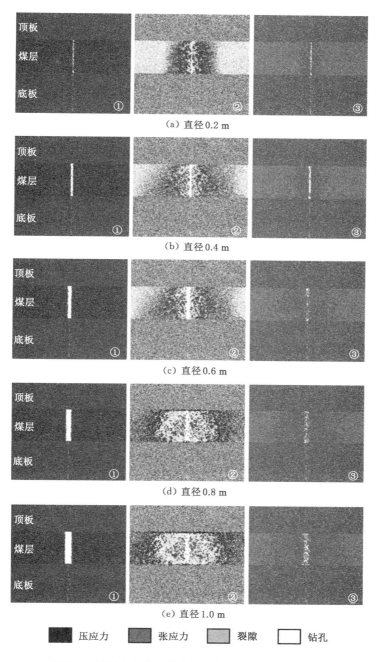

图 7-9　不同直径单一钻孔轴向剖面的裂隙分布特征

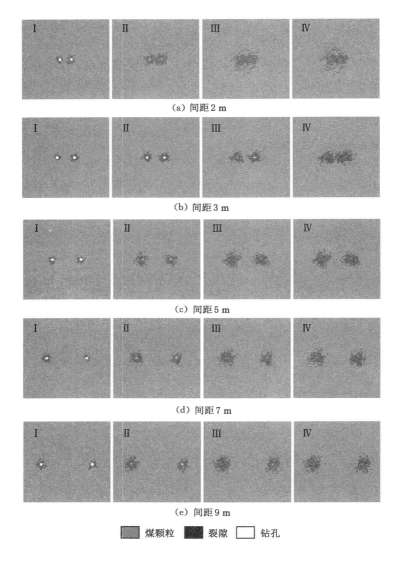

(a) 间距 2 m

(b) 间距 3 m

(c) 间距 5 m

(d) 间距 7 m

(e) 间距 9 m

█ 煤颗粒　█ 裂隙　□ 钻孔

图 7-10　不同间距钻孔开挖后的裂隙演化过程

　　图 7-11 是不同间距钻孔在开挖达到稳定状态后沿钻孔轴向剖面的裂隙分布特征,其中钻孔直径均为 0.6 m。图中,①是模型的颗粒结构,②是钻孔周围的接触力分布,③是钻孔周围的裂隙分布。从图中可以看出,钻孔周围的接触力以张应力为主,因而煤体裂隙多为张拉破坏造成;随着钻孔间距的增加,钻孔之间煤体的张应力逐渐减弱,裂隙数量逐渐减少;在钻孔间距大于 5 m 后,钻孔之

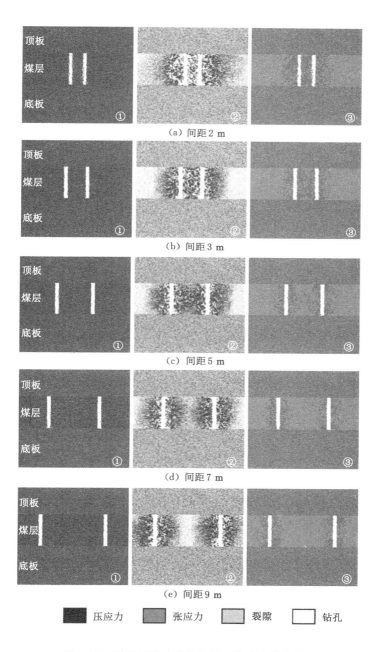

图 7-11　不同间距钻孔轴向剖面的裂隙分布特征

间的影响减弱,孔间的张应力不足以破坏煤体颗粒的连接,因而裂隙数量较少。因此,对于某一直径的抽采钻孔,为了保证孔间区域的瓦斯抽采效果,两孔之间必然存在一个最佳间距,使得孔间煤体内的裂隙大量发育并相互贯通,同时具有最大的裂隙分布范围。

7.2.4.2 钻孔直径的影响

图 7-12 是固定钻孔间距为 5 m 时,不同直径钻孔开挖后周围煤体的裂隙演化过程,图中的 4 个阶段(Ⅰ、Ⅱ、Ⅲ、Ⅳ)与动能的 4 个变化阶段对应。

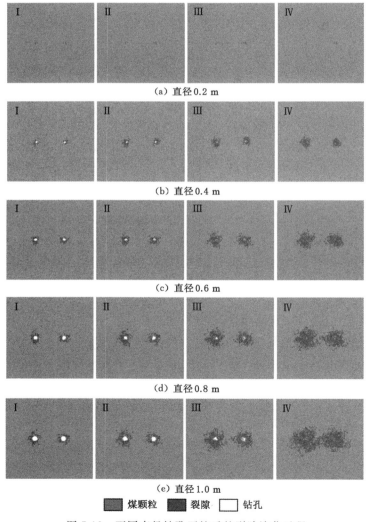

图 7-12 不同直径钻孔开挖后的裂隙演化过程

从图 7-12 中可以看出,随着煤体能量不断释放,由钻孔向煤体内部逐渐萌生大量裂隙,在系统进入稳定状态后,裂隙数量不再发生变化。从不同孔径条件下的裂隙演化过程可以看出,钻孔直径是影响相邻钻孔之间煤体裂隙发育的另一主要因素:钻孔直径较小时,相邻钻孔间的相互作用较弱,单一钻孔周围裂隙的分布较为独立,如图中(a)和(b)所示;随着钻孔直径的增加,钻孔之间相互作用增强,裂隙开始向孔间煤体萌生,如图中(c)所示;随着钻孔直径进一步增加,孔间煤体受到的影响加剧,两孔之间出现大量连通裂隙,如图中(d)、(e)所示。

图 7-13 是不同直径钻孔在开挖达到稳定状态后沿钻孔轴向剖面的裂隙分布特征,其中钻孔间距为 5 m。图中,①是模型的颗粒结构,②是钻孔周围的接触力分布,③是钻孔周围的裂隙分布。从图中可以看出,双孔模型受到张应力和压应力的共同作用,钻孔周围以张应力为主,距钻孔较远处的煤体以压应力为主。孔间煤体受到张应力的影响显著,随着钻孔直径的增加,孔间张应力不断增大,同时裂隙数量逐渐增多;在直径为 0.6 m 时,孔间张应力达到最大,孔间煤体内的裂隙开始贯通;随着钻孔直径进一步增加,孔间煤体不断破坏,裂隙大量出现并形成裂隙网络,同时张应力的分布范围减小。因此,对于固定间距的抽采钻孔,通过提高钻孔直径,可以增强钻孔间的相互作用,增大钻孔的影响范围,使得孔间煤体产生大量连通裂隙,增加煤体渗透率,提高瓦斯抽采效果。

7.2.5　孔群裂隙演化特性

瓦斯抽采钻孔的布置具有区域化、均匀化的特点,为了分析多个钻孔之间的裂隙扩展特征,在煤体模型中开挖均匀分布的 9 个相同钻孔,分别在钻孔直径为 0.2 m、0.4 m、0.6 m、0.8 m 和 1.0 m 的条件下进行数值模拟,钻孔开挖后的裂隙演化过程如图 7-14 所示。从图中可以看出,钻孔周围的接触力以张应力为主,煤体受到张拉作用发生破坏,并在钻孔周围产生裂隙。区域煤体裂隙的演化过程分为 4 个阶段(Ⅰ、Ⅱ、Ⅲ、Ⅳ),分别与开挖后动能的变化过程相对应:在钻孔施工完成后(Ⅰ),周围煤体迅速破坏并产生裂隙;随着煤体能量不断释放(Ⅱ、Ⅲ),张应力的作用范围逐渐扩大,煤体内的裂隙不断萌生,同时由于受到相邻钻孔的影响,裂隙向相邻钻孔方向扩展;在煤体能量达到平衡状态后(Ⅳ),张应力所占的比例和强度均减小,裂隙数量不再变化,系统进入稳定状态。

对比不同孔径条件下的裂隙演化过程,可发现,在钻孔直径较小时,相邻钻孔的影响较弱,区域煤体内裂隙数量较少;随着钻孔直径增加,钻孔周围张应力增大,裂隙数量不断增多,并在孔与孔之间逐渐贯通;在能量平衡阶段,裂隙数量达到最大,此时区域煤体内存在裂隙不发育"空白区",且"空白区"随钻孔直径的增加而逐渐减小。因此,通过增加抽采钻孔直径,可以增大钻孔之间相互影响,使区域煤体产生连通的裂隙网络,为瓦斯流动提供大量通道,继而增加区域煤体的渗透率,提高原始煤层的瓦斯抽采效果。

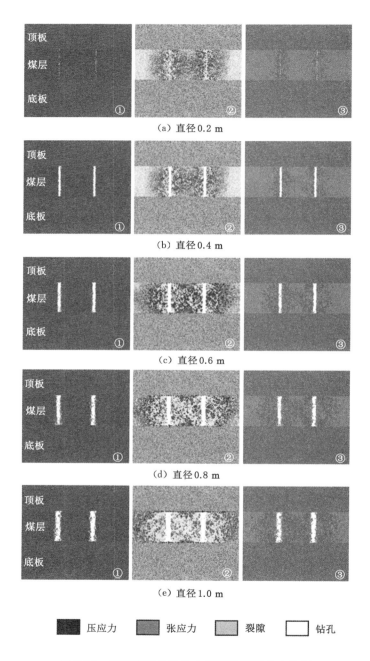

图 7-13　不同直径钻孔轴向剖面的裂隙分布特征

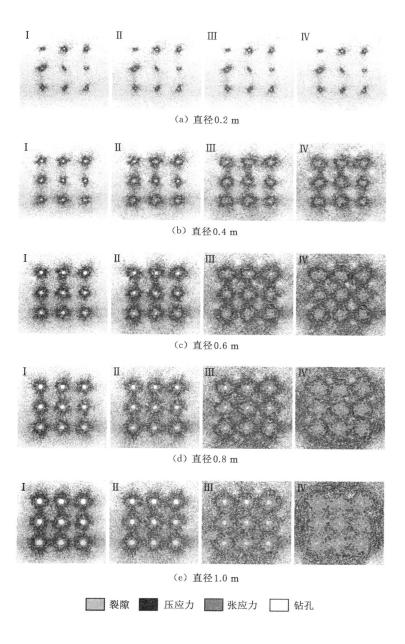

（a）直径0.2 m

（b）直径0.4 m

（c）直径0.6 m

（d）直径0.8 m

（e）直径1.0 m

裂隙　压应力　张应力　钻孔

图 7-14　多个钻孔开挖后的裂隙演化过程

7.3 水射流钻孔对煤体受载损伤的影响

7.3.1 双轴加载试验系统

穿层钻孔施工后,周围煤体应力重新分布,受力状态由三轴应力逐渐转变为平面应力。为了分析钻孔对周围煤体的影响,本书采用双轴加载的方式,开展含孔煤体的应力-应变和声发射特性试验研究。含孔煤体双轴加载试验系统主要包括压力加载系统、应变采集系统、声发射采集系统和试验记录系统,系统示意图如图 7-15 所示。

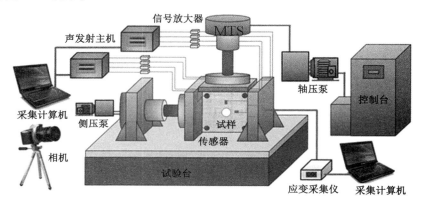

图 7-15 试验系统示意图

7.3.2 试样制备及方法

对于松软高突煤层,大块煤样的提取较为困难,煤样的加工难度较大、成功率较低,且成型试块不具备典型性、代表性和完备性,难以全面有效地表征原始煤层特征[158]。多数学者认为[159-161],型煤与原煤虽然存在一定差异,但其物理力学特性仍具有较好的相似性,可以在科学研究中选用型煤进行试验。

为了研究煤层中的穿层钻孔对其力学特性的影响,本书选用型煤进行双轴加载试验。试验所用煤样取自平顶山天安煤业股份有限公司试验矿井的己$_{15}$煤层,将原煤破碎并筛选出 $60\sim80$ 目的煤粉,并按比例与水泥、添加剂和水混合均匀。型煤材料的配比方案为:煤粉:水泥:添加剂:水=4.0:1.0:0.3:0.8。原材料准备完成后,在材料试验机上以 50 MPa 的压力加载成型,每一试块持续受载 30 min,压制成 150 mm×150 mm×30 mm 的型煤试块。压制成型的试块置于恒温(20 ± 1 ℃)、恒湿(>99%)的养护室中养护 28 d,再放入恒温干燥箱内烘干,冷却后置于干燥环境内保存备用。制作成型的试块如图 7-16 所示。

图 7-16　成型试块实物

本次试验采用含孔试块模拟煤层内的穿层钻孔,根据需要在试块中心预制不同尺寸和数量的圆孔。预制钻孔有 3 种类型:

(1) 单孔试块。在试块中心预制一个钻孔,直径分别为 2 mm、4 mm、6 mm、8 mm、10 mm、12 mm、14 mm、16 mm,制作完成的单孔试块如图 7-17 所示。

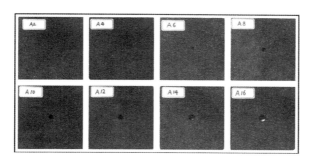

图 7-17　单孔试块实物

(2) 双孔试块。在试块中心预制相同孔径的两个钻孔,钻孔直径分别为 4 mm 和 10 mm,每一孔径试块预制 5 种间距,分别为 20 mm、30 mm、50 mm、70 mm 和 90 mm,制作完成的试块如图 7-18 所示。

(3) 多孔试块。在试块内预制相同孔径的 9 个钻孔,钻孔直径分别为 4 mm、6 mm、8 mm 和 10 mm,每一孔径试块设置 40 mm 和 50 mm 两种间距,制作完成的试块如图 7-19 所示。

试验中所有试块均采用双轴加载模式,加载过程中采用应变采集系统监测试块的表面应变,同时,采用声发射采集系统监测试块内部的损伤和断裂。试验前将各系统时间调整统一,便于后期数据的处理和计算。各系统的试验参数如下:

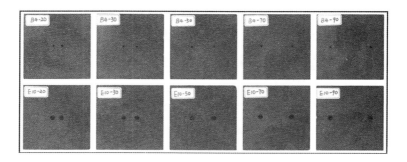

图 7-18　双孔试块实物

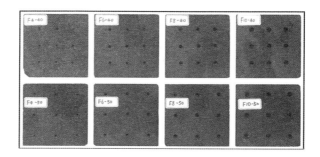

图 7-19　多孔试块实物

（1）压力加载系统。进行试验时首先将水平方向的载荷加载至 0.2 MPa 并保持恒定,然后垂直方向以 10 N/s 速率等载荷加载,直至试块破坏。

（2）应变采集系统。试验前在钻孔水平方向和垂直方向分别粘贴应变计,设置应变采集仪采集频率为 0.25 Hz,初始平衡后,与压力机同时启动,连续测试直至试块破坏。

（3）声发射采集系统。试验前,将声发射的 8 个传感器分别涂抹耦合剂,并采用热熔胶安装在未受载的两个自由面上,每个自由面安装 4 个,分别距离试块边缘 20 mm,传感器布置如图 7-20 所示。同时,将声发射系统的采样频率设置为 3 MHz,信号放大器设置为 40 dB,采样门限值设定为 3 mV,峰值鉴别时间(PDT)设置为 50 μs,撞击鉴别时间(HDT)设置为 200 μs,撞击闭锁时间(HLT)设置为 300 μs。

进行试验时的操作流程如下:试验前分别将应变计和声发射传感器安装到试块表面的设计位置,按上文参数设置各系统设备并进行调试;将侧向压盘和轴向压盘分别调整至与试块接触,然后逐渐增加侧向载荷至 0.2 MPa 并保持恒

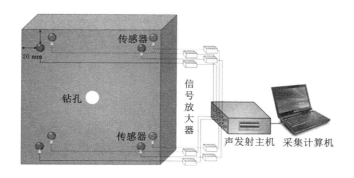

图 7-20　声发射传感器布置示意图

定；对应变采集系统进行初始平衡，之后再次平衡测点，并对试块进行声速标定；准备就绪后，同时启动轴向的伺服试验机、应变采集系统和声发射采集系统，并对试块进行实时拍摄；当试块受载破坏且应力曲线达到峰值后，停止压力机加载，同时停止应变和声发射的采集。

7.3.3　含孔试块受载特性的尺度效应

为了监测钻孔尺度对单孔试块在双轴加载过程中的影响，在试块表面设置了 3 个应变计，如图 7-21 所示，其中水平方向为 1# 应变计和 2# 应变计，垂直方向为 3# 应变计，1# 应变计距钻孔较近，2# 应变计和 3# 应变计到钻孔距离相同。

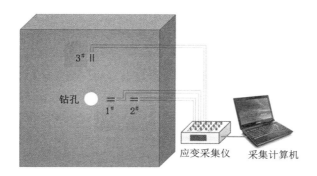

图 7-21　单孔试块应变计布置示意图

不同直径试块在双轴加载过程中的表面应变曲线如图 7-22 所示。从图中可以看出，不同直径单孔试块的表面应变特性相似，随加载时间的增加，试块表面的应变不断增大；试块水平应变以张拉应变为主，而垂直应变以压缩应变为主，且垂直应变大于水平应变。在水平方向，距离钻孔较近的 1# 应变计测得的

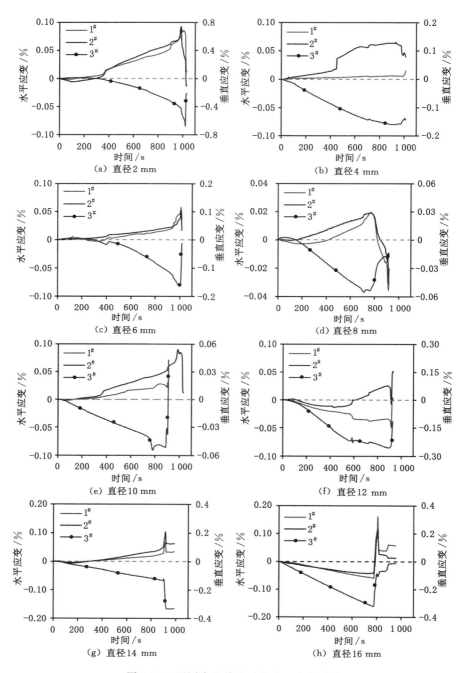

图 7-22　不同直径单孔试块表面应变曲线

应变量小于 $2^{\#}$ 应变计,表明钻孔对周围煤体的影响由近及远逐渐减弱。在钻孔直径为 12 mm 和 16 mm 时,水平应变在加载过程中出现压缩应变,分析原因是钻孔周围发生破坏、变形,导致水平方向加载系统不断加压以维持水平压力所致。

图 7-23 是不同直径单孔试块在双轴加载过程中的声发射变化,可以看出不同试块在加载过程中的声发射特性具有相似性:在加载初期 AE 事件数和能量均较小,煤体损伤较少;随着加载的进行,AE 事件数和能量低速增加,煤体逐渐损伤并产生微裂纹;在加载应力达到峰值应力前,AE 事件数和能量急剧增加,煤体损伤加剧,大量裂隙萌生、贯通。因此,含孔煤体受载损伤破坏主要集中在峰值应力前。随着钻孔直径的增加,含孔试块受载过程的 AE 事件数和能量呈现出逐渐增大的变化趋势,所以大直径钻孔周围煤体的损伤程度较大,裂隙系统发育,有利于煤层瓦斯抽采。

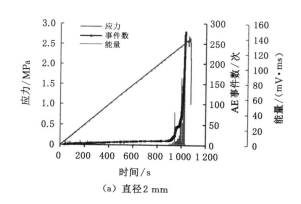

(a) 直径 2 mm

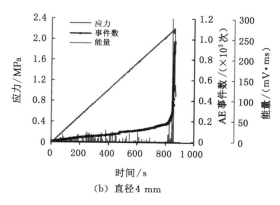

(b) 直径 4 mm

图 7-23　不同直径单孔试块受载过程声发射变化

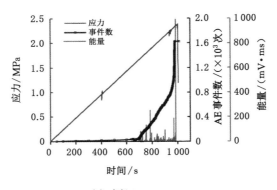

（c）直径6 mm

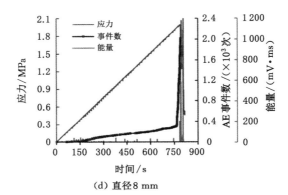

（d）直径8 mm

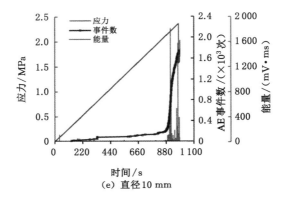

（e）直径10 mm

图 7-23　（续）

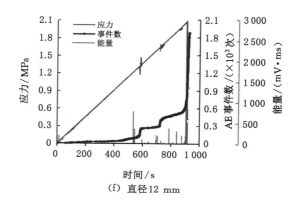

（f）直径 12 mm

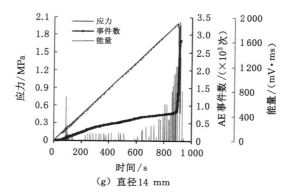

（g）直径 14 mm

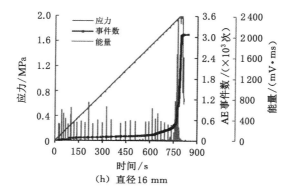

（h）直径 16 mm

图 7-23　（续）

图 7-24 是不同直径单孔试块在双轴加载过程中的全应力-应变曲线,可以看出单孔试块的加载过程符合典型的 4 个阶段变化规律。随着钻孔直径的增加,含孔试块的全应力-应变曲线斜率增大,峰值应力逐渐减小。钻孔直径较小时,试块的初始压密阶段较短、弹性变形阶段较长;随着钻孔直径的增加,初始压密阶段逐渐增大,说明试块内部的微裂隙不断增加,而试块的弹性变形阶段逐渐变短,则表明试块更易发生破坏。从图中还可以发现,随着钻孔直径的增加,应力-应变曲线出现二次增长现象,试块的峰后破坏阶段不断增大,且波动明显,说明试块的抗变形能力不断增强。

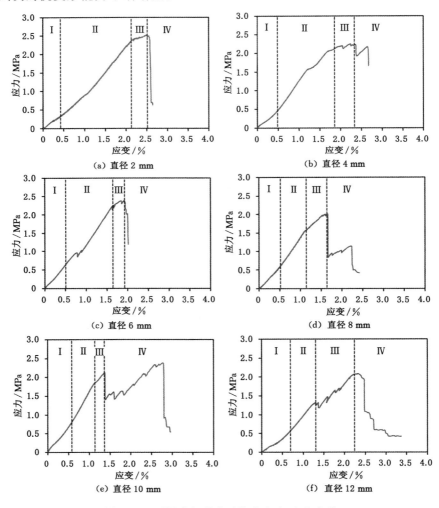

图 7-24　不同直径单孔试块全应力-应变曲线

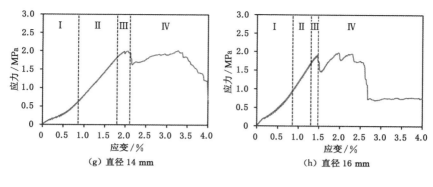

图 7-24　（续）

图 7-25 是不同直径单孔试块的峰值应力和最大应变分布，可以看出，随钻孔直径的增加，试块的峰值应力从 2.52 MPa 逐渐减小至 1.97 MPa，而试块的最大应变从 2.65％逐渐增加为 6.15％。因此，含有大直径钻孔的试块具有较小的峰值应力和较高的最大应变。

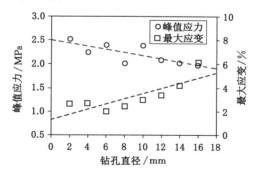

图 7-25　不同直径单孔试块峰值应力和最大应变分布

综上所述，不同直径单孔试块在双轴加载过程中具有相似的特性：在初始压密阶段，试块的表面应变、AE 事件数和能量均较小，煤体的损伤较少；在弹性变形阶段，试块的表面应变增加，声发射信号低速增加，煤体内部裂纹开始形核、成核、扩展；在峰前屈服阶段，AE 事件数和能量急剧增加，煤体损伤达到临界值，大量裂隙萌生、贯通，使得煤体进入塑性变形阶段。随着钻孔直径的增加，含孔试块在受载过程中的 AE 事件数和能量逐渐增大，同时试块的峰值强度逐渐降低，最大应变逐渐增加。因此，大直径水射流钻孔可以增加含孔煤体的损伤程度和裂隙数量，降低区域煤体强度，同时增大变形空间，有利于煤层的卸压增透和瓦斯抽采。

7.3.4 含孔试块受载特性的耦合效应

为了监测钻孔耦合作用对多孔试块在双轴加载过程中的影响,在试块表面设置了 2 个应变计,如图 7-26 所示,其中水平方向为 $1^{\#}$ 应变计,垂直方向为 $2^{\#}$ 应变计。

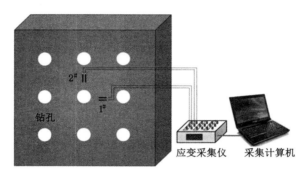

图 7-26 多孔试块应变计布置示意图

图 7-27 是不同直径多孔试块在双轴加载过程中的表面应变曲线,其中 (a)、(c)、(e)、(g) 的钻孔间距为 40 mm,(b)、(d)、(f)、(h) 的钻孔间距为 50 mm。从图中可以看出,多孔试块在垂直方向的应变以压缩应变为主,随着钻孔直径的增加,垂直应变逐渐增大;多数多孔试块在水平方向的应变为张拉应变,并且随着加载时间的增加,水平应变逐渐变为压缩应变。整体来看,多孔试块垂直方向的应变量大于水平方向的应变量,表面应变在试块受载破坏时以压缩变形为主。

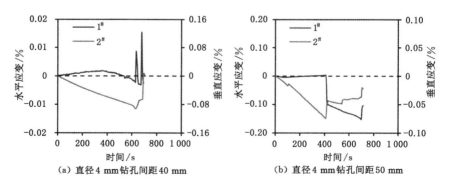

(a) 直径 4 mm 钻孔间距 40 mm   (b) 直径 4 mm 钻孔间距 50 mm

图 7-27 不同直径多孔试块表面应变曲线

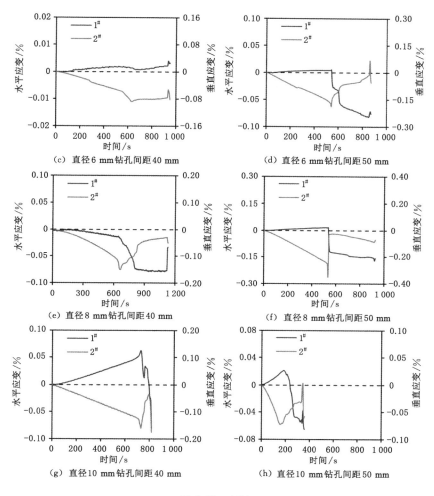

图 7-27　（续）

图 7-28 是不同直径多孔试块在双轴加载过程中的声发射变化，可以看出多孔试块在加载过程中的声发射特性与单孔试块具有相似性，在峰值应力前声发射信号达到最大。在钻孔直径相同时，间距为 50 mm 的试块在受载过程中的 AE 事件数和能量较大，表明区域煤体内部的损伤程度较高、裂隙发育范围较大。在钻孔间距相同时，随着钻孔直径的增加，含孔试块受载过程的 AE 事件数和能量呈现出逐渐增大的变化趋势，说明区域煤体内部的损伤程度不断增加，煤体裂隙不断扩展和贯通。因此，增加钻孔直径可以增大区域煤体的损伤程度，在煤体内部形成裂隙网络，有利于煤层瓦斯抽采。

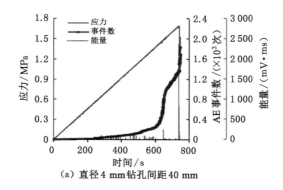

（a）直径 4 mm 钻孔间距 40 mm

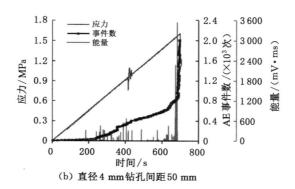

（b）直径 4 mm 钻孔间距 50 mm

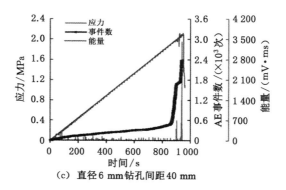

（c）直径 6 mm 钻孔间距 40 mm

图 7-28　不同直径多孔试块受载过程声发射变化

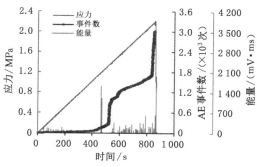

（d）直径 6 mm 钻孔间距 50 mm

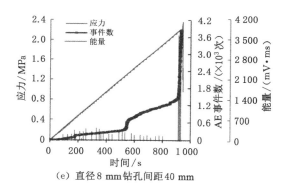

（e）直径 8 mm 钻孔间距 40 mm

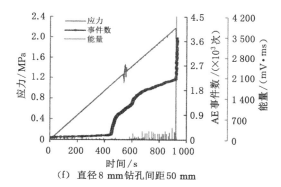

（f）直径 8 mm 钻孔间距 50 mm

图 7-28　（续）

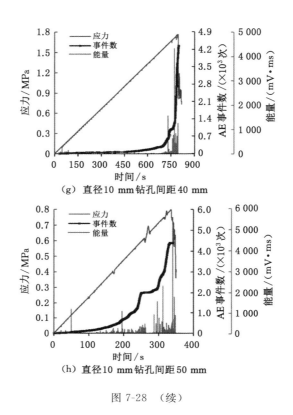

（g）直径 10 mm 钻孔间距 40 mm

（h）直径 10 mm 钻孔间距 50 mm

图 7-28 （续）

图 7-29 是不同直径多孔试块在双轴加载过程中的全应力-应变曲线。由图可以看出，多孔试块的全应力-应变曲线符合双轴加载的 4 个阶段变化规律，随着钻孔直径的增加，应力-应变曲线出现二次增长现象，峰前屈服阶段和峰后破坏阶段所占比例增加，峰后破坏阶段的波动变大，同时总应变量逐渐增加。对比钻孔间距为 40 mm 和 50 mm 的多孔试块，可以发现在钻孔直径相同时，二者最大应变量较为接近，间距大的钻孔对应的峰值应力略小，说明其内部的破裂程度较大。

分别统计钻孔直径为 4 mm 与 10 mm、钻孔间距为 50 mm 时，单孔试块、双孔试块和多孔试块的峰值应力，如图 7-30 所示。由图可以看出单孔试块的峰值应力最大，双孔试块次之，多孔试块最小，表明随着钻孔数量的增多，试块内的微裂纹逐渐发育，试块强度降低，因而增加钻孔数量可以使煤体有效卸压。通过对比不同直径试块可以发现，钻孔直径越大，双孔试块和多孔试块峰值应力降低得越多，因而增加孔径也是增强钻孔卸压效果的有效方法，同时也具有更好的经济性。

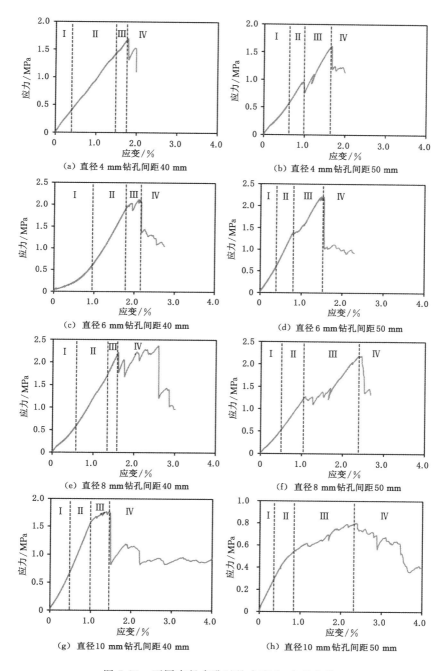

（a）直径 4 mm 钻孔间距 40 mm

（b）直径 4 mm 钻孔间距 50 mm

（c）直径 6 mm 钻孔间距 40 mm

（d）直径 6 mm 钻孔间距 50 mm

（e）直径 8 mm 钻孔间距 40 mm

（f）直径 8 mm 钻孔间距 50 mm

（g）直径 10 mm 钻孔间距 40 mm

（h）直径 10 mm 钻孔间距 50 mm

图 7-29　不同直径多孔试块全应力-应变曲线

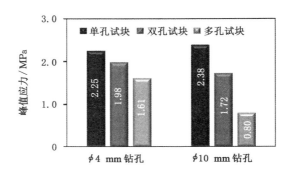

图 7-30　单孔试块、双孔试块和多孔试块峰值应力对比

综上分析可得，不同直径多孔试块在双轴加载过程中具有相似的特性，试块受载破坏时钻孔表面变形以压缩变形为主，随着钻孔直径的增加，含孔试块受载过程中的 AE 事件数和能量逐渐增大，应力-应变曲线出现二次增长现象，且峰前屈服阶段和峰后破坏阶段所占的比例增加，峰后破坏阶段的波动变大，同时试块受载的总应变量增大。因此，增加钻孔直径可以增大区域煤体的损伤程度，在煤体内部形成裂隙网络，使得钻孔之间的相互影响增强，同时大直径钻孔可以提高区域煤体的卸压效果，使得区域煤体的渗透率增加、瓦斯抽采率增大。

7.4　水射流钻孔对抽采有效区的影响

钻孔密度是抽采钻孔布置的关键参数，用于反映单位区域内瓦斯抽采钻孔的数量，可以表征钻孔抽采瓦斯的效能。钻孔密度与钻孔影响半径和布置间距密切相关。前文研究表明，增加钻孔直径可以提高径向应力的卸载范围，增加周围煤体的裂隙数量，同时强化钻孔之间的相互影响，提高区域煤体的渗透率。因此，采用大直径水射流钻孔可以提高区域煤体的瓦斯抽采效果、减少抽采钻孔密度。为了研究不同直径穿层钻孔的影响范围和彼此间的相互影响，确定水射流钻孔的布置参数，采用 FLAC³D 软件进行数值模拟分析。

FLAC³D 是 FLAC(Fast Lagrangian Analysis of Continua)软件向三维空间的扩展，为目前岩土力学计算中的重要数值方法之一，特别适合求解岩土力学工程中非线性的开挖问题，在采矿工程等多个领域研究中得到广泛应用[162]。由于煤层内穿层钻孔施工后，其周围煤体将会发生塑性变形，因此采用 Mohr-Coulomb 模型进行计算。选择平顶山矿区的己₁₅煤层为研究对象，建立如图 7-31 所示的数值模型，在 x、y、z 方向的初始应力均设为 20 MPa，模型的相关参数如表 7-2 所示。

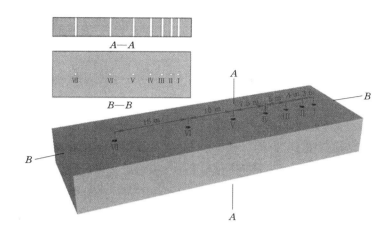

图 7-31　穿层钻孔模型

表 7-2　模型参数取值

密度 /(kg/m³)	体积模量 /GPa	剪切模量 /GPa	摩擦角 /(°)	黏聚力 /MPa	抗拉强度 /MPa
1 429	1.5	1.2	25	0.5	0.4

　　模拟研究的目的包括以下两个方面:首先,根据开挖单个穿层钻孔后的应力分布,分析穿层钻孔直径变化对周围煤体径向应力和塑性区的影响,阐明大直径穿层钻孔的抽采有效区半径;其次,根据多个穿层钻孔开挖后孔间煤体的应力分布,研究不同间距相邻钻孔对周围煤体径向应力的影响,确定不同直径钻孔的最佳钻孔间距。

7.4.1　水射流钻孔的有效区半径

　　穿层钻孔直径决定了周围煤体的径向应力分布。前人的研究表明,高压水射流在煤层内切割深度可以达到 1 m[163],而普通穿层钻孔的直径仅在 0.04~0.25 m。因此,我们对这一范围内不同直径的单一钻孔进行数值计算(只开挖模型中 V 钻孔)。图 7-32 是不同直径穿层钻孔周围煤体的径向应力分布,其中钻孔直径分别为 0.1 m、0.6 m、1.0 m 和 1.6 m。

　　从图 7-32 中可以看出,钻孔周围煤体的径向应力在钻孔壁上最小,随着到钻孔距离的增加,径向应力迅速增大到 15~18 MPa,达到原始应力的 75%~90%;随着进一步远离钻孔,径向应力逐渐恢复为原始值。可见,穿层钻孔附近煤体的卸压效果较好,对应的径向增透率较高,因而这段区域可以视为瓦斯抽采

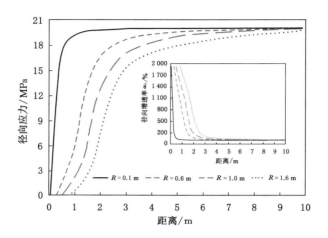

图 7-32 不同直径钻孔周围煤体的径向应力分布

的高效区。从图中还可以发现,随着钻孔直径从 0.1 m 增加到 1.6 m,径向应力增大到 18 MPa 所需的距离变长,从 0.61 m 增加为 4.88 m,同时径向应力恢复到原始应力对应的距离也增加。因此,通过增加钻孔直径,可以提高周围煤体径向应力的卸载范围,强化周围煤体的增透效果,使得周围煤体内的瓦斯更易抽出。

由于在钻孔周围产生的应力集中大于煤体强度,因而穿层钻孔周围煤体内出现了塑性区。不同直径钻孔周围煤体的塑性区面积和半径如图 7-33 所示。从图中可以看出,随着穿层钻孔直径从 0.1 m 增加到 2.0 m,周围煤体塑性区的面积从 0.27 m² 增加到 21.88 m²,塑性区半径也从 0.30 m 增加到 2.82 m。塑性区内的煤体由于受载超过屈服极限,弹性能大量释放,使得径向应力迅速降低,同时产生的次生裂隙为瓦斯流动提供了大量通道,致使渗透率较原始值显著增大。因此,钻孔周围的塑性区即为前文瓦斯抽采高效区的产生原因。

塑性区外部的煤体处于弹性区内,随着到钻孔距离的增加,弹性区煤体的径向应力逐渐增大,渗透率也因此逐渐恢复至原始值。在工程上往往取应力降低 10% 为有效影响范围的边界[151],而煤体受采动影响应力降低 10% 时,渗透率增加比较明显,因此,可以取钻孔周围煤体径向应力减少 10% 处,作为穿层钻孔抽采瓦斯的有效影响区边界。不同直径穿层钻孔的有效区半径如图 7-33 所示,从模拟结果可以看出,大直径穿层钻孔的有效区半径大于塑性区半径,因而有效影响区的边界处于煤体的弹性区内。随着钻孔直径的增加,钻孔的有效区半径逐渐增大,但增加的趋势逐渐变缓。

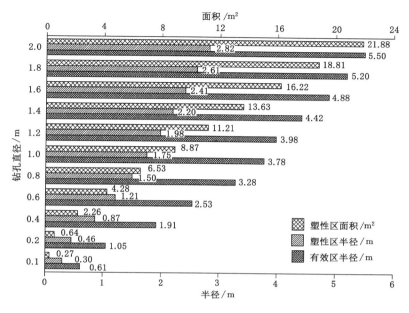

图 7-33　不同直径单孔影响范围

图 7-34 是不同直径水射流钻孔的有效区半径与钻孔直径和塑性区半径的比值。由图可以看出,随着钻孔直径的增加,有效区半径与钻孔直径的比值逐渐减小,但其与塑性区半径的比值却较为稳定。因此,不同直径水射流钻孔的抽采有效区半径可以根据拟合关系式(7-13)计算,也可以用钻孔塑性区半径的 2 倍来估算。

$$R_1 = -1.108r_0 \ln r_0 + 3.612r_0 \tag{7-13}$$

式中,R_1 为钻孔直径,m;r_0 为有效区半径,m。

7.4.2　水射流钻孔的最佳间距

钻孔间距是穿层钻孔布置的关键参数,在满足抽采要求的情况下,钻孔间距越大表明钻孔的瓦斯抽采效果越好。多数煤矿依据经验选择单一穿层钻孔有效区半径的 2 倍作为钻孔布置的最大有效间距,根据前文研究可知这一选择并不合理。本节通过分析穿层钻孔间距变化对其间煤体应力分布的影响,研究不同直径水射流钻孔对应的最佳间距。

图 7-35 是不同直径抽采钻孔在间距为 3 m、4 m、5 m、7.5 m、10 m、15 m 时钻孔周围煤体的径向应力分布。从图中可以看出,普通穿层钻孔($R_0 = 0.1$ m)周围的径向应力受相邻钻孔的影响较小,而水射流钻孔($R_0 \geqslant 0.4$ m)受到的影响较大,并且随着钻孔直径的增加,径向应力降幅增大。因此,通过增加穿层钻孔直径,可以加强抽采钻孔间的相互影响,使得孔间煤体的应力降低,这与前文的研究结果相一致。

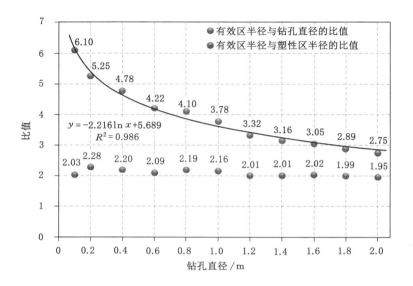

图 7-34 有效区半径与钻孔直径和塑性区半径的比值

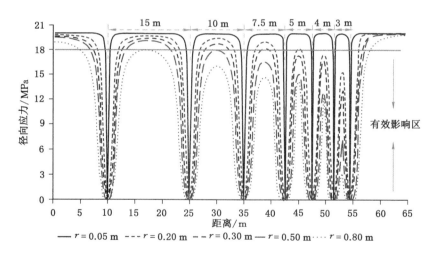

图 7-35 穿层钻孔间距对径向应力的影响

从图 7-35 还可以发现,水射流钻孔间距为 3 m 时,钻孔间煤体的径向应力降低明显,最大径向应力在 3.4～15.2 MPa,为原始应力的 17%～76%;随着间距增加,钻孔间煤体的径向应力降幅减小,间距为 15 m 时,最大径向应力在 18～19.6 MPa,为原始应力的 90%～98%。可见,穿层钻孔间距较小时,相邻钻孔产生的影响显著,随着间距的增加,相邻钻孔的影响逐渐减弱。因此,不同的钻孔间距使得孔间煤体产生不同的应力分布,对于不同直径的穿层钻孔,存在对应的最大钻孔间距,使得钻孔间煤体应力均小于临界值。

如 7.1 节所述,随着穿层钻孔周围煤体的径向应力减小,煤体渗透率增加,瓦斯流动阻力降低,瓦斯抽采率提高。当相邻钻孔之间煤体的径向应力比原始应力减小 10% 时(<18 MPa),两孔间的煤体都处于钻孔的有效区内,瓦斯可以得到有效治理。因此由模拟结果可得,水射流钻孔在直径为 0.4 m、0.6 m、1.0 m 和 1.6 m 时的最佳间距分别为 5 m、7.5 m、10 m 和 15 m,而钻孔对应的单孔抽采有效区半径分别为 1.91 m、2.53 m、3.78 m 和 4.88 m。通过比较不同穿层钻孔的最佳间距和 2 倍的单孔有效区半径,可以发现前者是后者的 1.31～1.54 倍,这就表明在相邻钻孔影响下,水射流钻孔的有效影响区进一步扩大。

综上所述,采用大直径水射流钻孔可以提高周围煤体径向应力的卸载范围,增加单一钻孔的抽采有效区半径,同时强化钻孔之间的相互影响,增加区域煤体的渗透率。因此,水射流钻孔有利于提高瓦斯资源的抽采率,减少区域煤体的预抽钻孔数量。

7.4.3　有效区半径现场测试

在平顶山矿区东部的己$_{15}$煤层,采用压降法对水射流钻孔的抽采有效区半径进行了现场测试。试验工作面标高 $-510 \sim -656$ m,煤厚 3.4～3.85 m,煤层倾角平均为 22°,煤层最大瓦斯压力为 2.45 MPa,最大瓦斯含量为 22.0 m³/t,渗透率为 $1.0 \times 10^{-7} \sim 6.1 \times 10^{-6}$ μm²,平均坚固性系数为 0.402,属于典型的松软低透气性煤层[22]。

施工地点位于己$_{15}$煤层底板下方砂岩内的己$_{15}$-14140 底抽巷,由底抽巷向己$_{15}$煤层原始区域施工一组平行穿层钻孔,如图 7-36 所示。其中,T_1 为采用水射流成孔的测试钻孔,在其两侧不同距离处设置有其他 10 个测压钻孔,分别编号为 $P_1 \sim P_{10}$,编号 $P_1 \sim P_{10}$ 表示测压钻孔到测试钻孔的距离分别为 1～10 m。首先施工直径为 75～80 mm 的测压钻孔 $P_1 \sim P_{10}$,在每一钻孔施工完成后立即封孔并安装压力表,连续记录瓦斯压力。在测压钻孔施工 20 d 后,各孔的压力值均稳定,采用水射流成孔方法施工测试钻孔 T_1,并在进行封孔后联网抽采瓦斯(抽采负压 20 kPa),每天记录瓦斯流量和浓度。

测试钻孔 T_1 施工后,形成岩层内孔径小(74～76 mm)、煤层内孔径大(980～1 000 mm)的穿层抽采钻孔。图 7-37 是现场试验期间测压钻孔 $P_1 \sim P_{10}$ 的瓦斯压力变化。从瓦斯压力数据可以看出,测试钻孔 T_1 施工后(第 20 天),周围煤体的瓦斯压力出现明显下降,距离 1 m 处的测压钻孔 P_1 瓦斯压力下降了 41.4%,表明该位置煤体受水射流钻孔的影响较大,煤体充分卸压、增透;随着

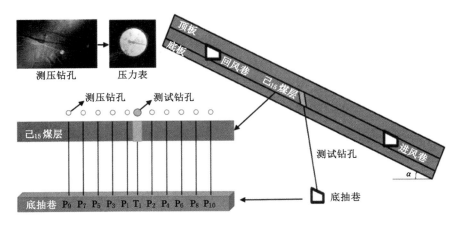

图 7-36　钻孔布置图

到 T_1 距离的增加，煤体受到的影响减弱，瓦斯压力降幅减小，测压钻孔 P_2、P_3、P_4 受到 T_1 施工的影响，瓦斯压力分别下降了 18.2%、13.1% 和 11.5%，而测压钻孔 P_5 的瓦斯压力仅下降了 5.5%，说明距离 T_1 为 5 m 处的煤体受到水射流钻孔的影响已经较小，而到 T_1 小于 4 m 的煤体受到的影响显著。因此，采用水射流成孔方法形成的大直径穿层钻孔，在煤层内钻孔直径为 1.0 m 时，其抽采有效区半径为 4 m，较该煤层普通穿层钻孔的抽采有效区半径提高了 2.67 倍，这一结果与数值模拟结果接近。

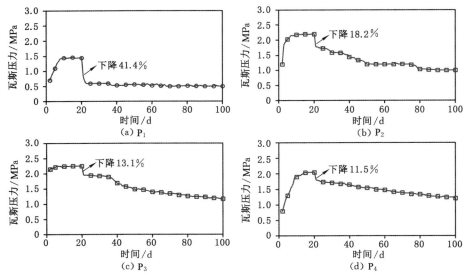

图 7-37　$P_1 \sim P_{10}$ 瓦斯压力测量

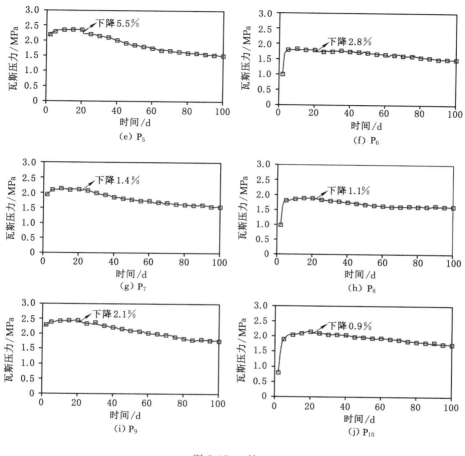

图 7-37 （续）

7.5 本章小结

（1）理论分析了穿层钻孔对周围煤体的增透作用，建立了钻孔径向渗透率模型，分析了钻孔直径对径向增透率的影响，结果表明，增大钻孔直径可以扩大径向应力的卸载范围，提高钻孔周围煤体的增透效果。

（2）提出了穿层钻孔水射流成孔方法。利用水射流高效、低热和可控的切割特性，实现煤矿井下大直径抽采钻孔的一次成孔，形成了"岩孔小、煤孔大"的特殊形态钻孔，具有钻孔直径可控、操作工艺简单、施工快捷安全的特征。

（3）开展了水射流钻孔影响煤体裂隙演化的数值模拟研究,结果认为,钻孔直径是影响裂隙发育的关键因素,钻孔直径越大,周围煤体的张应力越高,煤体内的裂隙越发育;相邻两个钻孔之间存在使裂隙充分发育的最佳间距,增加钻孔直径可以增强钻孔间的相互作用,扩大钻孔的影响范围,并在区域煤体内形成连通的裂隙网络,为瓦斯流动提供大量通道。

（4）开展了水射流钻孔对抽采有效区的影响研究,结果表明,随着钻孔直径的增加,钻孔抽采有效区的半径增大,不同直径穿层钻孔的抽采有效区半径可以采用拟合关系式 $R_1 = -1.108r_0 \ln r_0 + 3.612r_0$ 计算,也可以用塑性区半径的 2 倍来估算;钻孔间的相互作用增加了单一钻孔的影响范围,相邻钻孔的最佳间距是 2 倍单孔有效区半径的 1.31～1.54 倍。

（5）进行了水射流钻孔有效区半径的现场测试,结果表明,采用水射流成孔方法的大直径穿层钻孔,在煤层内钻孔直径为 1.0 m 时,其抽采有效区半径为 4 m,较普通钻孔提高了 2.67 倍。

第 8 章　钻孔水射流现场应用

前文研究了水射流的冲击破煤岩特性及其施工大直径钻孔的方法,并对不同直径钻孔周围煤体的裂隙演化规律与增透效果进行了探索分析,为水射流增透技术的工程应用提供了坚实的理论基础。本章以水射流增透技术在河南平顶山天安煤业股份有限公司的工程应用为背景,采用数值模拟方法研究了水射流钻孔对区域瓦斯治理全过程的影响,分析了水射流钻孔对煤巷掘进的消突机制,针对松软高突煤层的自喷特性,提出了水射流钻孔协同抽采模式,并在平煤集团的试验矿井进行了工业性试验。

8.1　应用区域概况

平顶山矿区位于我国河南省西南部,是河南省的七大矿区之一,东西长约 138 km,南北宽约 82 km,面积约 10 000 km²,含煤面积 2 374 km²。矿区地质构造复杂,区内断块隆起,四周凹陷,形成了以郏县正断层、襄郏正断层、叶鲁正断层为界的四周凹陷带,具有发生动力灾害的构造条件[164]。

8.1.1　矿区煤层特征

平顶山矿区煤与瓦斯突出灾害严重,自 1984 年发生第一次煤与瓦斯突出以来,截至 2011 年 3 月累计发生突出 156 次,突出总煤量 18 283.2 t、总涌出瓦斯量 134.7 万 m³、平均突出煤量 117.2 t/次、平均涌出瓦斯量 8 633.6 m³/次[164]。矿区主要含煤地层为石炭-二叠系,煤层的赋存具有以下特点:

(1)煤层组间距离远,组内距离近。矿区煤层赋存复杂,主采煤层为山西组和太原组煤层(图 8-1),具有"组间距离远、组内距离近"的赋存特点,其中丁组与戊组煤层平均间距为 80 m,戊组与己组煤层平均间距为 170 m,主采煤层不具备保护层开采条件。

(2)煤层瓦斯富集,渗透率低。矿区煤层瓦斯富集,最大瓦斯压力达 6.6 MPa(首山一矿戊组煤层),最高瓦斯含量达 30 m³/t 以上(己组局部)。矿区瓦斯分布具有明显的区域性和条带性,东部矿区瓦斯较为富集,瓦斯压力、含量均较高,同时,己组和戊组煤层的瓦斯含量较大,明显高于丁组和庚组煤层。煤

地质时代	地层	厚度 /m	岩性分析	地质柱状图
古生代	二叠纪 山西组	9.87	泥岩	
		15.12	中、细粒砂岩	
		8.31	砂质泥岩	
		17.75	细、中粒砂岩	
		0.30	己$_{14}$煤层	
		10.75	砂质泥岩	
		3.40	己$_{15}$煤层	
		3.30	砂质泥岩及泥岩	
		1.53	己$_{16-17}$煤层	
		4.75	泥岩、砂质泥岩	
		11.13	细粒砂岩、砂质泥岩	
		2.50	泥岩、砂质泥岩	
	石炭纪 太原组	3.50	石灰岩	
		3.25	泥岩	
		3.50	石灰岩	
		5.75	细粒砂岩、砂质泥岩	
		2.25	石灰岩	
		0.90	庚$_{18}$煤层	
		6.25	泥岩、砂质泥岩	
		2.00	石灰岩	
		4.62	泥岩、砂质泥岩	
		1.04	庚$_{20}$煤层	
		4.50	泥岩、砂质泥岩	
		13.00	石灰岩、泥岩	
		6.25	泥岩	

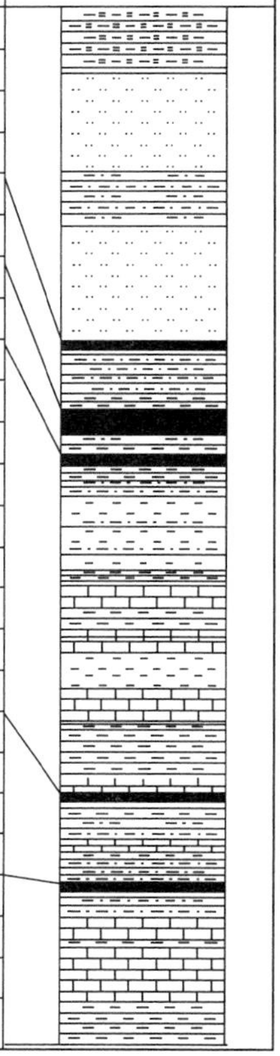

图 8-1 煤层柱状图

层渗透率为 $1.0 \times 10^{-7} \sim 6.1 \times 10^{-6} \ \mu m^2$，属于低透气性难以抽采煤层，单一钻孔抽采量小，瓦斯抽采率低。

（3）开采深度大，地应力高。平顶山矿区开采深度达 800 m 以上的矿井有 6 对，其中试验矿井采深达到 1 100 m，最大主应力达 48.25 MPa。随着矿井开采深度的不断增加，瓦斯灾害愈加严重。

8.1.2 试验矿井概况

平煤集团的试验矿井位于平顶山矿区东部，井田走向长 5 km、倾斜长 3 km，井田面积 15 km²，矿井开采上限标高－75 m，下限标高－835 m，设计生产能力 150 万 t/年[165]。井田位于大型李口向斜西南翼，锅底山断层的上升盘，井田内主要存在两个次级褶皱和三个大、中型断层,且均为 NW 向展布[166]。

　　矿井主采煤层为己组煤层,位于山西组中下部,煤层埋深 $0\sim800$ m,煤层倾角 $0°\sim35°$。己组煤层自上而下分别为己$_{15}$、己$_{16}$ 和己$_{17}$ 三层,由于受到复杂成煤作用的影响,井田范围内的三层己组煤时合时分,东部的己$_{15}$ 煤层为单层存在,己$_{16}$、己$_{17}$ 合层为己$_{16-17}$ 煤层,而西部三层合层为己$_{15-17}$ 煤层。由于己组煤层内的三层煤间距较小,且与下部的庚组煤间距过大,因此不具备保护层开采条件,通过钻孔预抽煤层瓦斯是己组煤层的主要治理方法。

8.1.3　己$_{15}$ 煤层突出危险分析

　　己$_{15}$ 煤层煤与瓦斯突出危险性较大,表 8-1 是试验矿井己$_{15}$ 煤层于 1989—2006 年发生的突出事故统计[164]。从表中可以看出,其间己$_{15}$ 煤层共发生突出 27 次,由于采掘的深度不断增加,突出发生的地点也向深部转移。从突出点构造特征来看,己$_{15}$ 煤多数突出发生在地质构造和煤层变化带附近,然而随着埋深超过 700 m,突出的发生已不具备这一特点,这与深部煤层不断增加的地应力和瓦斯有关。

表 8-1　试验矿井己$_{15}$ 煤层历年突出事故统计[164]

序号	时间	埋深/m	突出瓦斯量/m³	突出煤量/t	抛距/m	突出点附近地质构造
1	1989-01-03	400	9 700	140	14.1	小向斜轴部
2	1989-02-13	407	20 000	85	16.5	$H=2.5$ m 正断层上盘
3	1989-03-03	398	2 966	19	0	小向斜转折端
4	1989-03-07	398	1 122	7	3.5	小向斜转折端
5	1989-03-18	409	578	7.90	1.5	$H=2.2$ m 正断层上盘
6	1989-03-22	395	2 072	30	5.5	$H=3.5$ m 正断层上盘
7	1989-04-02	394	1 064	25	4.5	$H=3.5$ m 正断层
8	1989-05-15	408	3 700	36	5.6	$H=2.2$ m 正断层上盘
9	1989-05-22	406	470	13	1.4	$H=2.2$ m 正断层上盘
10	1989-05-24	405	13 040	45	10.5	$H=2.2$ m 正断层上盘
11	1990-11-20	389	1 400	20	2.1	$H=1.7$ m 逆断层上盘附近
12	1991-01-22	363	4 200	91	10.5	$H=3.5$ m 逆断层上盘附近
13	1992-10-14	400	950	36	5	$H=3.0$ m 逆断层附近
14	1992-10-21	399	375	46	4.2	$H=3.0$ m 逆断层附近
15	1993-02-12	375	1 435	25	5	小向斜轴部
16	1993-02-21	398	18 335	290	3.9	$H=6.0$ m 逆断层下盘
17	1995-09-02	560	213	33	1.2	煤层倾角变陡
18	1995-11-25	540	1 776	53	7.5	$H=1.5$ m 正断层、倾角变陡
19	1995-12-17	535	1 501	38	6.9	煤层增厚、倾角变陡

表 8-1(续)

序号	时间	埋深/m	突出瓦斯量/m³	突出煤量/t	抛距/m	突出点附近地质构造
20	1996-04-10	550	1 416	18	4.5	煤层倾角变陡
21	1996-12-27	731	25 704	293	23	$H=0.5$ m 正断层
22	2002-07-29	510	6 248	176	20	断层尖灭端
23	2004-08-08	710	250	9	10	煤层落煤带
24	2005-03-05	678	1 878	166	20	煤层落煤带
25	2005-06-29	970	1 605	80	7.7	无
26	2006-03-19	1 025	1 280	44	12.2	无
27	2006-10-27	580	4 688	73	4.5	$H=0.6$ m 正断层

图 8-2 是试验矿井己$_{15}$煤层的瓦斯压力随埋深的变化关系,可以看出,己$_{15}$煤层的瓦斯压力普遍超过临界值(0.74 MPa),随着埋深的增加,煤层瓦斯压力不断增大。在煤层埋深超过 750 m 以后,煤层瓦斯压力普遍大于2.0 MPa,表明煤层已经具有非常高的瓦斯内能来发动突出,发生灾害的危险性较高。

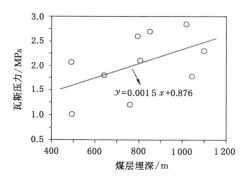

图 8-2　己$_{15}$煤层瓦斯压力与埋深的关系

试验矿井己$_{15}$煤层的瓦斯含量分布如图 8-3 所示,从图中可以看出,矿井范围内分布着 3 个较大的褶曲构造和 3 条大、中型断层,区域构造对己$_{15}$煤层的瓦斯分布特征影响显著。矿井西南部的构造密集,使得煤层松软破碎,瓦斯含量较小,这一区域突出灾害主要与地质构造密切相关;而矿井东北部的构造较少,煤层具有较好的封存条件,使得区域煤层瓦斯含量较高,瓦斯在突出灾害中的影响作用更为显著。因此,煤层的有效卸压及瓦斯的高效抽采对防治煤与瓦斯突出至关重要。

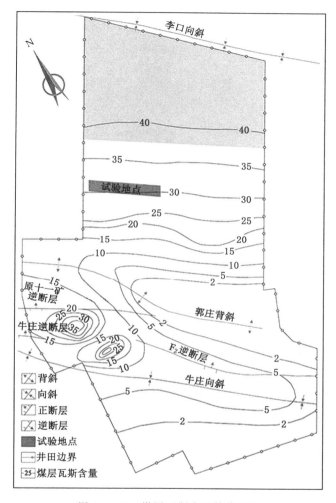

图 8-3 己₁₅煤层瓦斯含量等值线图

8.2 水射流钻孔区域瓦斯治理模拟

8.2.1 数值模型的建立及方案

根据平煤集团试验矿井的地质赋存特征,采用 FLAC³ᴰ数值模拟软件建立数值模型,模型尺寸为 65 m×46 m×46 m,共包含 462 732 个单元及 479 835 个节点,假设模型所处地应力为三向均等状态,模型顶面设为应力边界,模型底面及四周设为滚支边界,建立的模型如图 8-4 所示。煤层前 25 m 内不施工钻孔,后 40 m 内均匀分布 7 排钻孔,每排 7 个,间距 6 m,模型煤岩分层及岩性参数如表 8-2 所示。

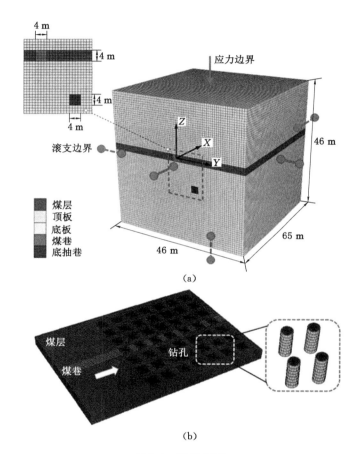

图 8-4　数值模型

表 8-2　模型煤岩分层及岩性参数

岩性	层厚 /m	密度 /(kg/m³)	体积模量 /GPa	剪切模量 /GPa	黏聚力 /MPa	抗拉强度 /MPa	内摩擦角 /(°)	剪胀角 /(°)
顶板	15	2 800	3.0	2.0	1.0	1.0	33	10
煤层	4	1 429	2.3	0.5	0.5	0.4	25	10
底板	27	2 800	3.0	2.0	1.0	1.0	33	10

数值模型采用基于莫尔-库仑屈服准则的应变软化模型进行计算,该模型的简化应力-应变关系曲线如图 8-5 所示,可将其分为 3 个阶段:① 弹性阶段 I,在应力达到峰值强度前,煤岩体应力与应变呈线性关系阶段;② 软化阶段 II,在应力超过峰值点之后,煤岩体屈服破坏,强度发生软化;③ 残余应力阶段 III,在应力达到残余强度后,煤岩体强度保持恒定。

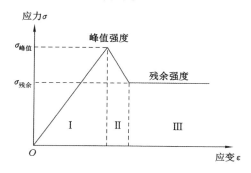

图 8-5　应变软化模型的简化应力-应变关系曲线

为了监测模拟过程中应力的动态变化过程,在模型中设置了两条监测线和一个监测点,监测线沿煤层走向分布,监测线 1($y=0$)穿过钻孔中心,监测线 2($y=3$)穿过两钻孔连线中点,监测点位于第 4 排 4# 钻孔旁。为了分析水射流钻孔对区域瓦斯治理全过程的影响,本书采取如下方案进行数值模拟(图 8-6):

(1)在煤层下方岩层内开挖一条 4 m×4 m 的底抽巷,作为穿层抽采钻孔的施工场所,如图 8-6(a)所示。

(2)在底抽巷开挖完成后,在煤层内开挖 7 组穿层钻孔,分别对直径 $D=0.1\sim1.0$ m 的穿层钻孔进行模拟,分析不同钻孔对区域煤体的卸压效果,如图 8-6(b)所示。

(3)钻孔开挖完成后,开始掘进煤巷,考察钻孔与煤巷的相互作用机制,如图 8-6(c)所示。

8.2.2　钻孔直径对煤层卸压效果的影响

图 8-7 为不同钻孔直径条件下($D=0.2\sim1.0$ m)煤层剖面的最大主应力分布云图。从图中可以看出,钻孔周围局部煤体的应力呈中心对称分布,最大主应力由内而外分为卸压区、应力集中区和原始应力区。普通钻孔($D=0.2$ m)对煤层的扰动较小,单一钻孔的应力场相互独立,且孔间煤体均处于原始应力状态;随着钻孔直径的增加,钻孔之间的相互影响逐渐增强,孔间煤体逐渐出现应力集中;在钻孔直径大于 0.7 m 之后,孔间煤体的应力逐渐减弱,应力集中区向钻孔区域外部转移。

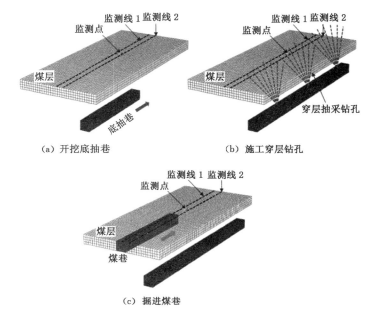

（a）开挖底抽巷　　　　　　　　　　（b）施工穿层钻孔

（c）掘进煤巷

图 8-6　模拟方案示意图

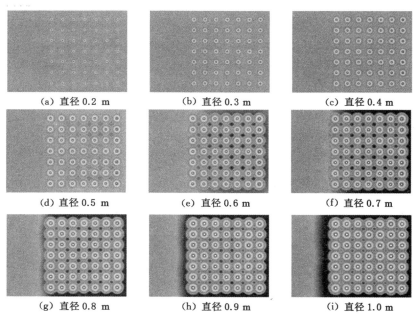

（a）直径 0.2 m　　　　　（b）直径 0.3 m　　　　　（c）直径 0.4 m

（d）直径 0.5 m　　　　　（e）直径 0.6 m　　　　　（f）直径 0.7 m

（g）直径 0.8 m　　　　　（h）直径 0.9 m　　　　　（i）直径 1.0 m

图 8-7　煤层剖面最大主应力分布

图 8-8 是不同直径钻孔在煤层剖面和监测线上的径向应力分布,图中从左向右依次为煤层剖面应力云图、监测线 1 应力曲线和监测线 2 应力曲线。从图中可以看出,钻孔周围煤体的径向应力呈中心对称分布,由钻孔壁向外逐渐增加,直至恢复煤层原始应力;随着钻孔直径的增加,钻孔周围径向应力的卸压范围逐渐增大,钻孔间的相互影响逐渐增强。

由监测线 1、监测线 2 的数据可以看出,普通钻孔周围径向应力的卸载范围及卸压程度均较小,孔间煤体受到的扰动较弱,大量瓦斯难以有效抽采;同时,钻孔切向应力集中圈的存在阻塞了瓦斯运移通道,为后期煤巷掘进埋下隐患。随着钻孔直径的增加,钻孔对煤层的扰动范围逐渐扩大,扰动程度不断增强,径向应力的卸压区不断向外扩张。当 $D=0.4$ m 时,相邻钻孔的应力场出现交汇,径向应力表现出叠加卸压效应,应力峰值快速降低至 12 MPa,同时,切向应力的卸载范围也明显增加。孔间煤体的径向应力呈现周期性波动,波峰出现在四孔交叉点,波谷出现在两孔中点。

随着钻孔直径继续增大,钻孔对煤层的扰动继续增强,煤层应力不断降低。在钻孔直径 $D>0.6$ m 后,监测线 1 和监测线 2 在钻孔区域的径向应力均卸压超过 10%,根据前文研究结果,此时钻孔区域煤体可以有效抽采。当 $D=0.8$ m 时,监测线 1 上的切向应力完全卸压,监测线 2 上局部的切向应力也低于原岩应力,煤层进一步卸压、增透,同时,由于钻孔区域卸压范围不断增大,煤体应力逐渐向钻孔区域外转移,未施工钻孔区域出现应力集中。当 $D=1.0$ m 时,钻孔区域煤体几乎完全卸压,只在四孔交叉点存在微弱应力集中带。

通过以上分析可知,增加钻孔直径能够有效扩大钻孔的卸压范围,提高煤层卸压效果。然而,点阵式钻孔布置易出现局部应力集中带,在水射流钻孔四孔交叉点处补充普通孔或采用交叉式布孔更有利于消除应力集中,实现网络化增透。另外,大直径钻孔伴生的外围应力集中圈不容忽视,局部区域采用水射流钻孔强化抽采后,应采取相应措施消除外围集中圈的应力。

8.2.3　钻孔直径对煤层变形破坏的影响

图 8-9 是钻孔直径不同时,监测线 1 测得的水平位移分布曲线。从图中可以看出,钻孔开挖后周围煤体在应力的作用下向钻孔空间移动,钻孔出现变形,距离钻孔越近,煤体的变形量越大;随着钻孔直径的增加,煤体变形范围不断扩大,变形量也不断提高。伴随着煤体不断位移、变形,煤体内的裂隙逐渐张开,瓦斯流动通道增多,钻孔的抽采效果更好。从图中还可以看出,钻孔周围煤体的位移量峰值由左到右逐渐增大,这与钻孔的开挖过程密切相关。

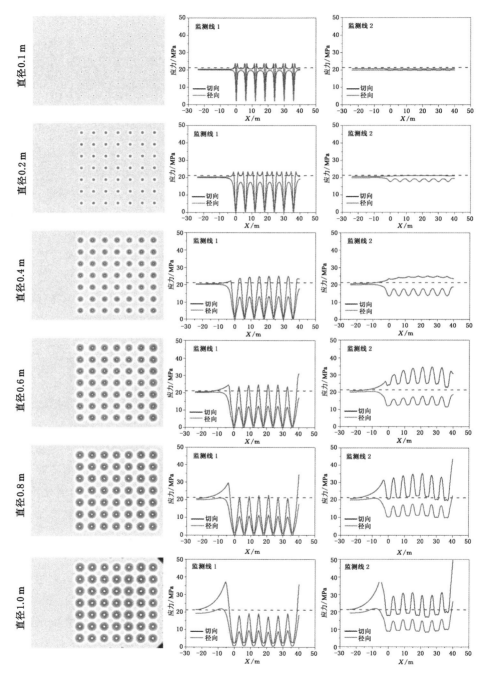

图 8-8　煤层剖面和监测线的径向应力分布

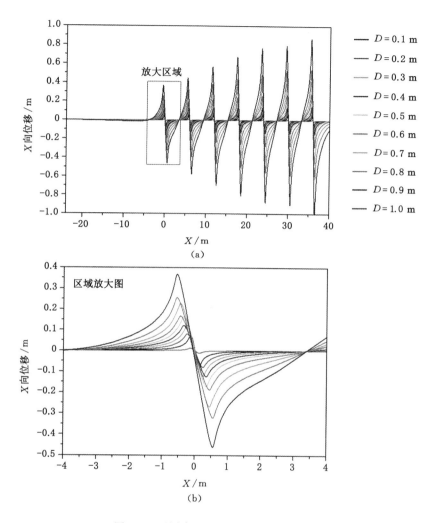

图 8-9　不同直径钻孔周围的位移分布

　　前文研究表明,塑性区是衡量钻孔影响范围的重要参数,可以反映穿层钻孔的卸压、增透效果。图 8-10 为不同钻孔直径条件下,钻孔周围煤层的塑性区分布。从图中可以看出,在钻孔直径为 0.1 m 时,在钻孔周围出现曾-剪切塑性区,然而,塑性区范围较小,对煤层的影响较弱;随着钻孔直径的增加,钻孔周围的曾-剪切塑性区逐渐向外扩展,当钻孔直径大于 0.3 m 后,钻孔壁处出现拉伸塑性区,表明钻孔壁面受张拉作用破坏;而在钻孔直径大于 0.4 m 后,孔间的塑性区出现交叉,钻孔的卸压效果开始叠加并不断增大;当钻孔直径达到 0.6 m 时,孔间煤层全部发生塑性破坏,同时,大量曾-剪切塑性区转变为现-剪切塑性区,钻孔的卸压效果增强;随着钻孔直径继续增加,塑性区的范围不断向钻孔区域外扩大,现-剪切破坏区所占的比例不断提高,煤层的卸压更加充分。

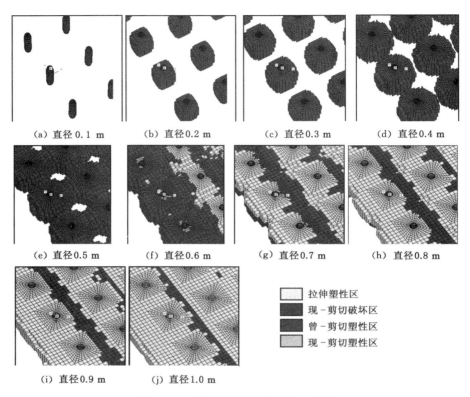

   (a) 直径 0.1 m   (b) 直径 0.2 m   (c) 直径 0.3 m   (d) 直径 0.4 m

   (e) 直径 0.5 m   (f) 直径 0.6 m   (g) 直径 0.7 m   (h) 直径 0.8 m

   (i) 直径 0.9 m   (j) 直径 1.0 m

□ 拉伸塑性区
■ 现-剪切破坏区
■ 曾-剪切塑性区
□ 现-剪切塑性区

图 8-10　不同直径钻孔的塑性区分布

8.2.4　钻孔直径对煤层渗透率的影响

    煤层的渗透率是衡量瓦斯流动难易程度的重要指标,对煤层应力的变化十分敏感。基于"火柴棍模型"的渗透率理论认为[139,143],煤层应力对渗透率的影响是通过改变煤层裂隙的张闭来实现的。而在应力场作用下,煤层内的原生裂隙及采动影响的次生裂隙会发生不同形式的变形,主要包括以下两种响应方式(图 8-11):① 与应力减小方向垂直的裂隙张开;② 与应力增大方向垂直的裂隙闭合。

    Bandis 等[167]、Goodman[168]研究表明,裂隙的开闭主要受控于正向应力的增减,即:

$$\sigma_n = \frac{k_{n0}\delta}{1-(\delta/\delta_m)} = \frac{k_{n0}\delta_m\delta}{\delta_m - \delta} \tag{8-1}$$

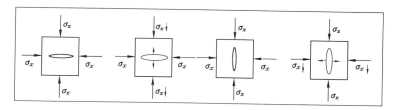

图 8-11　煤层裂隙对应力变化的变形响应

式中，σ_n 为正应力，MPa；k_{n0} 为裂隙初始刚度，N/m；δ 为裂隙闭合度；δ_m 为裂隙最大闭合度。其中：

$$\delta = \left(\frac{\sigma_n}{\sigma_n + k_{n0}\delta_m}\right)\delta_m \tag{8-2}$$

单一裂隙渗透率可以表述为：

$$k = \frac{b^2}{12} \tag{8-3}$$

式中，$b = b_0 - \delta$，当裂隙完全闭合时 $b_0 = \delta_m$，此时 $b = \delta_m - \delta$。把式(8-1)、式(8-2)代入得：

$$k_f = \frac{12k}{\delta_m^2} = \left[1 - \left(\frac{\sigma_n}{\sigma_n + k_{n0}\delta_m}\right)\right]^2 = \left[1 - \left(\frac{\sigma_n/\sigma_{n0}}{\sigma_n/\sigma_{n0} + 1}\right)\right]^2 = \left(\frac{1}{\sigma_n/\sigma_{n0} + 1}\right)^2 \tag{8-4}$$

式中，$\sigma_{n0} = k_{n0}\delta_m$，为初始正向应力，MPa；$k_f$ 为无量纲渗透率，初始无量纲渗透率 $k_{f0} = 0.25$。

因此，在三向应力状态下，煤岩体的渗透率可以表述为：

$$\begin{cases} k_x = \left[\dfrac{1}{(\sigma_y + \sigma_z)/(\sigma_{y0} + \sigma_{z0}) + 1}\right]^2 \\[2mm] k_y = \left[\dfrac{1}{(\sigma_z + \sigma_x)/(\sigma_{z0} + \sigma_{x0}) + 1}\right]^2 \\[2mm] k_z = \left[\dfrac{1}{(\sigma_x + \sigma_y)/(\sigma_{x0} + \sigma_{y0}) + 1}\right]^2 \end{cases} \tag{8-5}$$

式中，k_x、k_y 和 k_z 分别为无量纲渗透率在 x、y、z 方向的分量；σ_x、σ_y 和 σ_z 分别为地应力在 x、y、z 方向的分量，MPa；而 σ_{x0}、σ_{y0} 和 σ_{z0} 分别为原岩应力在 x、y、z 方向的分量，MPa。

钻孔周围煤体应力及渗透率的现场测试非常困难，然而，结合数值模拟软件并通过应力与渗透率的关系公式，可以推断出钻孔周围渗透率的分布特征。将钻孔开挖前的初始应力和开挖后的三向地应力代入公式(8-5)，并利用 Surfer

软件绘制得到不同直径钻孔的渗透率分布云图,如图 8-12 所示。

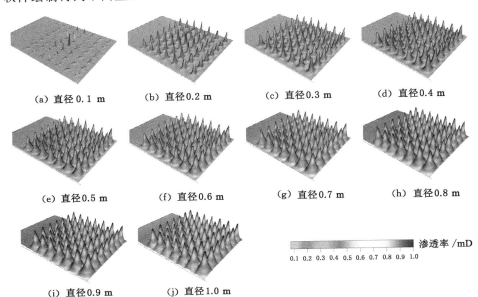

（a）直径0.1 m　　（b）直径0.2 m　　（c）直径0.3 m　　（d）直径0.4 m

（e）直径0.5 m　　（f）直径0.6 m　　（g）直径0.7 m　　（h）直径0.8 m

渗透率 /mD

0.1 0.2 0.3 0.4 0.5 0.6 0.7 0.8 0.9 1.0

（i）直径0.9 m　　（j）直径1.0 m

图 8-12　不同直径钻孔的煤层渗透率分布云图

从图 8-12 可以看出,当钻孔直径为 0.1 m 时,钻孔区域煤层的渗透率只在钻孔位置出现一个升高的凸点,表明普通钻孔对煤层的增透效果较差;随着钻孔直径的增加,钻孔附近的渗透率由凸点逐渐变为圆锥状,表明钻孔周围煤层的渗透率开始增加,且增透范围和峰值也不断增大;在钻孔直径大于 0.4 m 后,相邻钻孔圆锥状的渗透率开始接触,钻孔之间产生相互影响;随着钻孔直径进一步增加,渗透率增加的范围不断扩张,在钻孔直径达到 0.6 m 时,圆锥状的渗透率覆盖全部孔间区域,钻孔区域煤体整体增透;在此之后,随着钻孔直径的持续增大,钻孔区域煤体的渗透率开始不断升高,增透效果更加显著。因此,增加钻孔直径能够扩大钻孔周围的增透范围,增加钻孔区域煤层的渗透率,提高瓦斯抽采效果。另外,从上述结果可以发现,在水射流钻孔的四孔交叉点处煤体渗透率增幅较小,该区域为钻孔增透的薄弱区。

8.2.5　钻孔直径对煤巷掘进的影响

图 8-13 是钻孔区域施工不同直径钻孔后,煤巷开挖至 33 m 处时的最大主应力分布云图。从图中可以看出,煤巷掘进会在较大范围内引起煤层应力扰动,在煤巷四周形成卸压区和应力集中区;直径为 0.1 m 的普通钻孔,对煤巷掘进的影响较小,只能在局部形成零星的卸压区,在掘进工作面前方和两侧

存在显著的应力集中;随着钻孔直径的增加,煤巷掘进工作面前方和两侧的应力集中逐渐向深部转移;在钻孔直径大于 0.4 m 后,煤巷掘进工作面引起的应力集中区逐渐被钻孔隔断,应力集中范围由片成点,掘进的危险性逐渐降低;当钻孔直径为 0.7 m 时,煤巷卸压区与冲孔卸压区完全串联,绝大多数应力集中转移到钻孔区域外部;随着钻孔直径进一步增大,钻孔之间的应力集中点逐渐收缩,应力集中峰值逐渐减小,在煤巷掘进工作面前方及巷道两侧出现大面积卸压区,煤巷掘进的安全性大大提高。

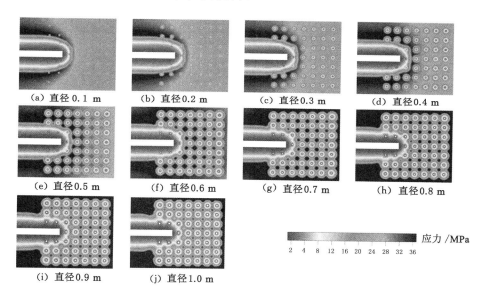

(a) 直径 0.1 m　　(b) 直径 0.2 m　　(c) 直径 0.3 m　　(d) 直径 0.4 m

(e) 直径 0.5 m　　(f) 直径 0.6 m　　(g) 直径 0.7 m　　(h) 直径 0.8 m

(i) 直径 0.9 m　　(j) 直径 1.0 m

应力 /MPa

2　4　8　12　16　20　24　28　32　36

图 8-13　不同直径钻孔煤层掘进至 33 m 处时的最大主应力分布云图

图 8-14 是钻孔直径为 1.0 m 时,煤层巷道掘进过程中的应力演化云图,可以看出,在煤巷未掘进到钻孔区域时,掘进工作面前方的应力集中与钻孔区域的应力集中重合,煤巷掘进的危险性较高;在掘进到 17 m 时,煤巷的卸压区与钻孔区域的卸压区交叉,掘进工作面前方的应力集中向钻孔区域外部转移,但煤巷两侧仍然存在较大的应力集中,掘进期间具有一定的危险性;在煤巷掘进到钻孔区域后,掘进工作面前方和两侧的应力集中均转移到钻孔区域外部,煤巷掘进期间的应力环境稳定,可以进行安全高效的开采。

8.2.6　煤层应力时空演化规律研究

图 8-15 是不同钻孔直径下,监测点的最大主应力在区域瓦斯治理全过程的时空演化规律,其中不同的模拟步数对应不同的阶段:5~11.4 千步对应底抽巷

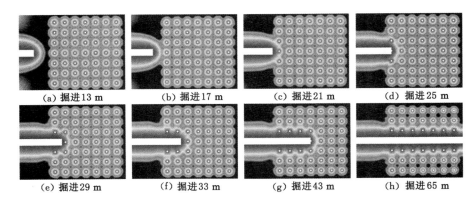

(a) 掘进13 m   (b) 掘进17 m   (c) 掘进21 m   (d) 掘进25 m

(e) 掘进29 m   (f) 掘进33 m   (g) 掘进43 m   (h) 掘进65 m

图 8-14　钻孔直径为 1.0 m 时煤层巷道掘进过程中的应力演化云图

掘进阶段,11.4～32.4 千步对应穿层钻孔施工阶段(7 排钻孔逐排施工),32.4～47.4 千步对应煤巷掘进阶段。不同阶段的应力场不断演化,图 8-15(b)为监测点周围的第四排钻孔开挖时的局部放大,图 8-15(c)为煤巷掘进到监测点时的局部放大。

从图 8-15 中可看出,掘进底抽巷对煤层有一定的卸压作用,在底抽巷掘进到监测点对应位置时,煤层应力开始降低,并随底抽巷的继续掘进逐渐稳定。穿层钻孔施工过程中,煤层应力具有先增大后减小的变化特征,这与钻孔的施工方式有关。

第一排钻孔施工后,由于到监测点的距离较远,煤层应力的波动较小。第二排钻孔施工后,监测点处的煤体受到钻孔施工的影响,应力逐渐增加,并且应力峰值随着钻孔直径的增加而增大,当孔径达到 1.0 m 时,监测点峰值应力达到 22.4 MPa。在第三排钻孔施工后,监测点处于其产生的应力集中区,煤体应力再次增加,钻孔直径越大,应力增加的幅度越高,在钻孔直径为 1.0 m 时,监测点峰值应力达到 26.8 MPa。

在监测点附近的第四排钻孔施工后,煤体应力出现剧烈变化,不同直径钻孔时应力的变化特征不同,如图 8-15(b)所示。当钻孔直径为 0.1 m 时,钻孔施工后最大主应力骤升至 25.3 MPa;而当钻孔直径为 0.2～0.7 m 时,最大主应力呈先上升后下降的变化特征;随着钻孔直径继续增加,最大主应力不再出现上升阶段,而在钻孔施工后逐渐下降。稳定后的应力值随钻孔直径的增大而减小,当钻孔直径为 1.0 m 时,监测点稳定后的应力降低为 2.6 MPa。因此,钻孔施工使得周围煤体应力发生强烈变化,钻孔直径越大,应力的改变越剧烈,导致煤体的变形、破坏范围更大,次生裂隙更多,非常有利于瓦斯抽采。

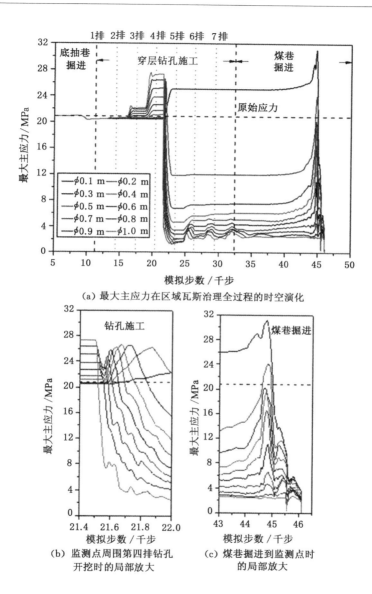

图 8-15　不同钻孔直径下监测点最大主应力时空演化

　　第五~七排钻孔施工后,对于直径较小的钻孔(0.1~0.2 m),监测点应力维持稳定;随着钻孔直径的增加(0.3~0.4 m),监测点应力出现轻微上升;而随着钻孔直径进一步增大(0.5~1.0 m),应力出现上下波动。对于大直径钻孔,后续钻孔施工引起的应力场反复变化,也会激发煤体释放瓦斯,有利于瓦斯抽采。

在煤巷掘进过程中,当监测点距离掘进工作面 15 m 左右时,主应力开始缓慢上升,并在监测点距离掘进工作面 4 m 左右时达到峰值,随后应力再次降低。钻孔直径较小时(0.1～0.2 m),掘进引起的应力峰值超过原始应力,煤体出现应力集中区,掘进期间存在较大突出隐患;而随着钻孔直径增加,掘进引起的峰值应力逐渐降低至原始应力以下,并且钻孔直径越大,对应的应力峰值越小,煤巷掘进更加安全。

综上所述,对于区域瓦斯治理的全过程,采用大直径水射流钻孔抽采瓦斯,不仅可以增加抽采钻孔的卸压范围,提高煤层卸压效果,还可以在钻孔之间形成裂隙网络,增加区域煤体的渗透率,使得低透气性煤层的瓦斯抽采率显著提高,同时,含有大直径钻孔的区域煤体,能使掘进工作面前方的应力集中向外转移,更有利于煤巷掘进的防突。

8.3　水射流钻孔现场应用及效果

现场应用地点为平煤集团试验矿井的己$_{15}$-17220 采面,该采面位于试验矿井己七采区下部西翼,东邻己七二期三条下山,南邻己$_{15}$-17200 采面,矿井边界线北部为未开采区域。该采面标高 -568～-606 m,埋深 815～884 m,倾斜长度为 150 m,走向长度为 910 m,可采储量为 53.46 万 t。煤层厚度为 3～3.5 m,平均为 3.3 m,煤层容重为 1.31 t/m^3,煤层倾角为 10°～30°,平均为 20°,最大瓦斯压力为 2.7 MPa,最大瓦斯含量为 14.51 m^3/t。

该区域瓦斯含量较高,突出危险性较大,由于不具备保护层开采条件,瓦斯治理以井下瓦斯抽采方法为主。试验区域位于己$_{15}$-17220 进风巷下部的底抽巷内(图 8-16),通过施工穿层钻孔,预抽己$_{15}$-17220 进风巷煤巷条带的瓦斯。

图 8-16　试验地点示意图

8.3.1 钻孔布置及实施

钻孔布置采用普通钻孔与水射流钻孔协同布置的方式。首先施工普通钻孔,对原始煤层进行初步卸压,同时预抽高压瓦斯。每组普通钻孔施工 7 个,组与组间距为 5 m,钻孔直径为 94 mm。其次,采用水射流成孔方法施工大直径钻孔,对区域煤体再次卸压,使得煤层整体卸压、增透,提高瓦斯抽采效果。水射流钻孔每组施工 3 个,组与组间距为 5 m,终孔位置分别处在煤巷及其两帮,钻孔在煤层内直径为 1.0 m,每孔出煤 3~4 t。最后,由于水射流钻孔会使得周围煤体产生显著运移,可能会导致前期施工的部分钻孔堵孔,因此施工补偿钻孔,对区域煤体进行强化瓦斯抽采,保证瓦斯抽采无空白带出现。每组设置 2 个补偿钻孔,组与组间距为 5 m,钻孔直径为 94 mm。

钻孔布置方式及终孔位置如图 8-17 所示,图中 1#、2#、4#、6#、8#、11# 和 12# 钻孔为首先施工的普通钻孔,3#、7# 和 10# 钻孔为采用水射流成孔方法施工的大直径卸压钻孔,5# 和 9# 钻孔为补偿钻孔。各钻孔参数如表 8-3 所示。现场试验共治理煤巷长度 360 m,施工穿层钻孔 1 694 个,钻孔总长达到 52 371 m。普通钻孔在施工过程中偶尔会发生喷孔现象,单孔最大喷出煤量 1.3 t,喷出煤粉最远距离为 2 m,而水射流钻孔在施工过程中鲜有喷孔现象发生,协同抽采模式起到了很好的防喷孔效果。

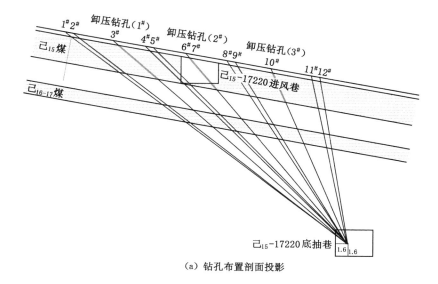

（a）钻孔布置剖面投影

图 8-17 钻孔布置方式及终孔位置示意图

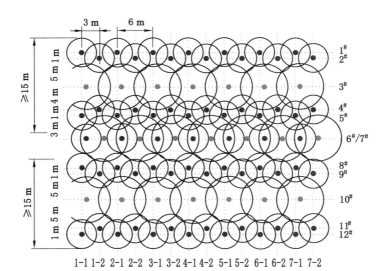

（b）终孔位置

图 8-17 （续）

表 8-3 钻孔参数表

编号	类型	钻孔作用	施工次序	倾角/(°)	孔深/m	穿煤长度/m
1	普通	预抽	①	53	43.0	7.5
2	普通	预抽	①	52	42.1	7.3
3	大直径	卸压增透	②	49	37.5	6.6
4	普通	预抽	①	46	33.9	6.0
5	普通	补偿	③	45	33.1	5.9
6	普通	预抽	①	40	29.6	5.3
7	大直径	卸压增透	②	40	29.6	5.3
8	普通	预抽	①	33	25.8	4.7
9	普通	补偿	③	32	25.1	4.6
10	大直径	卸压增透	②	24	22.4	4.1
11	普通	预抽	①	13	20.1	3.7
12	普通	预抽	①	10	19.8	3.6

8.3.2　工业性试验效果考察及分析

8.3.2.1　工程量对比

为分析水射流钻孔协同抽采模式对区域瓦斯治理钻孔工程量的影响,对已$_{15}$-17220 进风巷与相邻已$_{15}$-17200 进风巷的预抽钻孔进行比较。两条巷道在同一煤层中,相距 160 m,具有相同的地质情况和瓦斯赋存条件。对比结果如图 8-18 所示,可以看出已$_{15}$-17220 进风巷采用水射流钻孔协同抽采模式后,预抽单位长度煤巷条带瓦斯的穿层钻孔数量和长度分别减少了 32.5% 和43.0%。

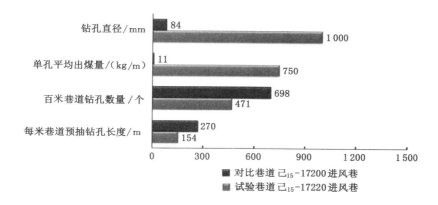

图 8-18　试验巷道与对比巷道穿层钻孔参数对比

8.3.2.2　水射流钻孔增透效果分析

通过考察穿层钻孔的瓦斯浓度变化,可以分析水射流钻孔对区域煤体的卸压增透效果。选取试验地点第 24 组钻孔的瓦斯抽采浓度进行考察,该组水射流钻孔在普通钻孔抽采 60 d 后进行施工。

图 8-19(a)是普通钻孔和水射流钻孔分别在施工后 40 d 内的平均瓦斯浓度变化,从图中可以看出,普通钻孔瓦斯浓度衰减较快,抽采 10 d 后降低到 20% 左右,而水射流钻孔的瓦斯抽采浓度较高、衰减缓慢,连续抽采 40 d 后浓度仍维持在60% 以上,表明水射流钻孔对煤体具有较强的卸压增透效果,抽采瓦斯能力较强。

图 8-19(b)是在水射流钻孔施工前后各 12 h 时,第 24 组内普通钻孔的瓦斯浓度变化。从图中可以看出,大直径卸压钻孔施工后,普通钻孔的瓦斯抽采浓度平均增加了 27.3%,表明大直径钻孔对周围煤体具有较强的增透效果,有利于区域煤体的瓦斯抽采。

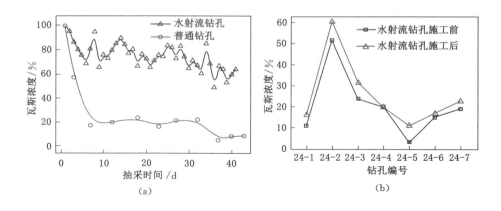

图 8-19 第 24 组钻孔瓦斯浓度变化

8.3.2.3 煤巷消突效果分析

己$_{15}$-17220 进风巷抽采达标后,采用复合指标法对掘进期间的突出危险性进行预测,预测采用钻孔瓦斯涌出初速度指标(q)和钻屑量指标(S)。《防治煤与瓦斯突出细则》要求:采用复合指标法预测煤巷掘进工作面突出危险性时,在近水平、缓倾斜煤层工作面应当向前方煤体至少施工 3 个、在倾斜或急倾斜煤层至少施工 2 个直径 42 mm、孔深 8~10 m 的预测钻孔,测定钻孔瓦斯涌出初速度和钻屑量指标,预抽指标参考临界值如表 8-4 所示。

表 8-4 预抽指标参考临界值

钻孔瓦斯涌出初速度 q /(L/min)	钻屑量 S	
	kg/m	L/m
5	6	5.4

图 8-20 是己$_{15}$-17220 进风巷与相邻己$_{15}$-17200 进风巷在掘进期间的突出危险性预测值对比,从图中可以看出,采用水射流钻孔协同抽采模式的己$_{15}$-17220 进风巷,预测指标值 q、S 均明显低于临界值,突出危险性较小,说明煤巷条带的瓦斯得到有效治理。预抽煤巷在掘进过程中瓦斯涌出量较小、动力现象发生较少,实现了高突煤层掘进工作面区域验证达标后连续进尺的开采方式,煤巷掘进速度由 50~70 m/月增加到 100 m/月以上,提高近 1 倍。

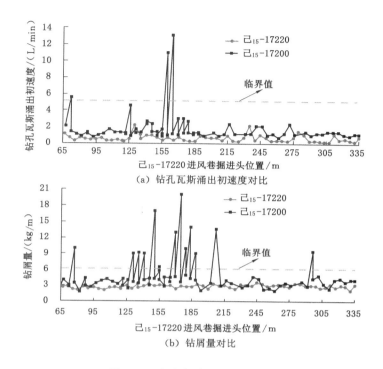

图 8-20　突出危险性预测值对比

8.4　本章小结

通过以上研究,可以得到以下结论:

(1)试验矿井己$_{15}$煤层具有较强的突出危险性,矿井西南部的突出灾害与地质构造密切相关,而在东北部瓦斯对突出的影响作用更为显著,煤层的有效卸压及瓦斯的高效抽采对防治煤与瓦斯突出至关重要。

(2)对单一煤层区域瓦斯治理全过程的数值模拟研究表明,采用水射流钻孔抽采瓦斯,不仅可以增加抽采钻孔的卸压范围,提高煤层卸压效果,还可以在钻孔之间形成裂隙网络,增加区域煤体的渗透率,使得低透气性煤层的瓦斯抽采率显著提高。同时,含有水射流钻孔的区域煤体,能使掘进工作面前方的应力集中向外转移,更有利于煤巷掘进的防突。

(3)针对突出煤层的自喷特性和区域煤体存在的抽采薄弱区,提出了水射流钻孔协同抽采模式,提高区域煤体瓦斯抽采效果的同时有效减少了喷孔现象的发生；工业性试验表明，普通钻孔与水射流钻孔采用协同抽采模式后，预抽高突煤层煤巷条带瓦斯的穿层钻孔数减少了 32.5％，穿层钻孔长度减少了 43.0％，煤巷区域消突效果显著，掘进速度明显提高，水射流钻孔起到了良好的卸压增透效果，为高突煤层瓦斯抽采提供了可靠的技术保障。

参 考 文 献

[1] 倪冠华.脉动压裂过程中瓦斯微观动力学特性及液相滞留机制研究[D].徐州:中国矿业大学,2015.

[2] 邓奇根,王燕,刘明举,等.2001—2013 年全国煤矿事故统计分析及启示[J].煤炭技术,2014,33(9):73-75.

[3] 李子文.低阶煤的微观结构特征及其对瓦斯吸附解吸的控制机理研究[D].徐州:中国矿业大学,2015.

[4] 张超.钻孔封孔段失稳机理分析及加固式动态密封技术研究[D].徐州:中国矿业大学,2014.

[5] 刘成林,朱杰,车长波,等.新一轮全国煤层气资源评价方法与结果[J].天然气工业,2009,29(11):130-132.

[6] 胡千庭,梁运培,林府进.采空区瓦斯地面钻孔抽采技术试验研究[J].中国煤层气,2006,3(2):3-6.

[7] 赵保太,林柏泉."三软"不稳定低透气性煤层开采瓦斯涌出及防治技术[M].徐州:中国矿业大学出版社,2007.

[8] 国家煤矿安全监察局.《防治煤与瓦斯突出细则》解读[M].北京:煤炭工业出版社,2019.

[9] 国家安全生产监督管理总局.煤矿瓦斯抽采基本指标:AQ 1026—2006[S].北京:煤炭工业出版社,2006.

[10] 林柏泉,张建国.矿井瓦斯抽放理论与技术[M].2 版.徐州:中国矿业大学出版社,2007.

[11] 林柏泉,张建国,翟成,等.近距离保护层开采采场下行通风瓦斯涌出及分布规律[J].中国矿业大学学报,2008,37(1):24-29.

[12] 杨威,林柏泉,屈永安,等.保护层卸压开采时空演化规律的数值模拟[J].煤矿安全,2011,42(5):140-143.

[13] YANG W,LIN B Q,QU Y A,et al.Mechanism of strata deformation un-

der protective seam and its application for relieved methane control[J].International journal of coal geology,2011,85(3/4):300-306.

[14] 林柏泉,高亚斌,沈春明.基于高压射流割缝技术的单一低透煤层瓦斯治理[J].煤炭科学技术,2013,41(9):53-57.

[15] 王耀锋,何学秋,王恩元,等.水力化煤层增透技术研究进展及发展趋势[J].煤炭学报,2014,39(10):1945-1955.

[16] 卫修君,王满.平顶山矿区单一突出煤层瓦斯抽采新技术[J].煤炭科学技术,2012,40(12):42-47.

[17] 卢义玉,葛兆龙,李晓红,等.脉冲射流割缝技术在石门揭煤中的应用研究[J].中国矿业大学学报,2010,39(1):55-58,69.

[18] 林柏泉,张其智,沈春明,等.钻孔割缝网络化增透机制及其在底板穿层钻孔瓦斯抽采中的应用[J].煤炭学报,2012,37(9):1425-1430.

[19] 魏国营,郭中海,谢伦荣,等.煤巷掘进水力掏槽防治煤与瓦斯突出技术[J].煤炭学报,2007,32(2):172-176.

[20] 张嘉勇,郭立稳,罗新荣.高压水射流掏槽防突技术参数数值模拟与试验研究[J].采矿与安全工程学报,2013,30(5):785-790.

[21] 王兆丰,范迎春,李世生.水力冲孔技术在松软低透突出煤层中的应用[J].煤炭科学技术,2012,40(2):52-55.

[22] 刘明举,孔留安,郝富昌,等.水力冲孔技术在严重突出煤层中的应用[J].煤炭学报,2005,30(4):451-454.

[23] BOHLOLI B,DE PATER C J.Experimental study on hydraulic fracturing of soft rocks:influence of fluid rheology and confining stress[J].Journal of petroleum science and engineering,2006,53(1/2):1-12.

[24] ZHANG G Q,CHEN M.Complex fracture shapes in hydraulic fracturing with orientated perforations[J].Petroleum exploration and development,2009,36(1):103-107.

[25] SHEN C M,LIN B Q,SUN C,et al.Analysis of the stress-permeability coupling property in water jet slotting coal and its impact on methane drainage[J].Journal of petroleum science and engineering,2015,126:231-241.

[26] 沈春明,林柏泉,吴海进.高压水射流割缝及其对煤体透气性的影响[J].煤炭学报,2011,36(12):2058-2063.

[27] LU T K,YU H,ZHOU T Y,et al.Improvement of methane drainage in high gassy coal seam using waterjet technique[J].International journal of coal geology,2009,79(1/2):40-48.

[28] 林柏泉,杨威,吴海进,等.影响割缝钻孔卸压效果因素的数值分析[J].中国矿业大学学报,2010,39(2):153-157.

[29] REINICKE A,RYBACKI E,STANCHITS S,et al.Hydraulic fracturing stimulation techniques and formation damage mechanisms:implications from laboratory testing of tight sandstone-proppant systems[J].Geochemistry,2010,70(Sup3):107-117.

[30] WANGEN M.Finite element modeling of hydraulic fracturing on a reservoir scale in 2D[J].Journal of petroleum science and engineering,2011,77(3/4):274-285.

[31] 刘震.水力化钻孔径向瓦斯渗流特性实验研究与应用[D].徐州:中国矿业大学,2014.

[32] RAHM D.Regulating hydraulic fracturing in shale gas plays:the case of Texas[J].Energy policy,2011,39(5):2974-2981.

[33] ZIMMERMANN G,BLÖCHER G,REINICKE A,et al.Rock specific hydraulic fracturing and matrix acidizing to enhance a geothermal system:concepts and field results[J].Tectonophysics,2011,503(S1/2):146-154.

[34] NI G H,LIN B Q,ZHAI C,et al.Kinetic characteristics of coal gas desorption based on the pulsating injection[J].International journal of mining science and technology,2014,24(5):631-636.

[35] 鹤壁矿务局六矿,辽宁省煤炭研究所.鹤壁六矿予抽煤层瓦斯小结[J].煤矿安全,1973,4(8):7-24.

[36] 屠锡根.水力化措施处理煤层瓦斯的效果[J].煤矿安全,1981,12(10):1-8.

[37] 鹤壁矿务局,鹤壁矿务局四矿,辽宁省煤炭研究所.提高本煤层瓦斯抽放率的新途径:钻孔水力割缝法[J].煤矿安全,1978,9(2):5-15.

[38] 王佑安,李英俊.我国煤矿抽放瓦斯方法分类及技术改进途径[J].煤矿安全,1981,12(8):1-9.

[39] 张建国,林柏泉,翟成.穿层钻孔高压旋转水射流割缝增透防突技术研究与应用[J].采矿与安全工程学报,2012,29(3):411-415.

[40] 吴海进,林柏泉,杨威,等.初始应力对缝槽卸压效果影响的数值分析[J].采

矿与安全工程学报,2009,26(2):194-197.

[41] LU Y Y,LIU Y,LI X H,et al.A new method of drilling long boreholes in low permeability coal by improving its permeability[J].International journal of coal geology,2010,84(2):94-102.

[42] 李晓红,卢义玉,赵瑜,等.高压脉冲水射流提高松软煤层透气性的研究[J].煤炭学报,2008,33(12):1386-1390.

[43] 卢义玉,宋晨鹏,刘勇,等.水射流促进煤基质收缩提高煤层透气性机理分析[J].重庆大学学报(自然科学版),2011,34(4):20-23.

[44] LU T K,YAO Z F,CHANG F T,et al.Outburst control in soft and outburst prone coal seam using the waterjet slotting technique from modeling to field work[J].Journal of coal science and engineering (China),2012,18(1):39-48.

[45] LU T K,YU H,DAI Y H.Longhole waterjet rotary cutting for in-seam cross panel methane drainage[J].Mining science and technology (China),2010,20(3):378-383.

[46] 常宗旭,赵阳升,胡耀青,等.三维应力作用下单一裂缝渗流规律的理论与试验研究[J].岩石力学与工程学报,2004,23(4):620-624.

[47] 赵岚,冯增朝,杨栋,等.水力割缝提高低渗透煤层渗透性实验研究[J].太原理工大学学报,2001,32(2):109-111.

[48] 赵阳升,杨栋,胡耀青,等.低渗透煤储层煤层气开采有效技术途径的研究[J].煤炭学报,2001,26(5):455-458.

[49] 刘明举,李振福,刘毅,等.水力掏槽措施消突机理研究[J].煤,2006,15(3):1-2.

[50] 李学臣,魏国营.突出煤层水力掏槽防突技术措施的应用[J].河南理工大学学报(自然科学版),2006,25(4):270-274.

[51] 白新华.水力掏槽快速消突技术研究[D].焦作:河南理工大学,2009.

[52] 张嘉勇.高压小射流掏槽防突技术研究[D].徐州:中国矿业大学,2011.

[53] 郭中海.突出煤巷掘进水力掏槽工艺技术研究[J].煤炭科学技术,2005,33(9):25-27,53.

[54] 刘锡明,周静,武立斌.突出煤层槽硐周围煤体的应力与应变[J].黑龙江科技大学学报,2015,25(1):1-5.

[55] 刘锡明,周静.水力掏槽防突措施的机理研究[J].矿业研究与开发,2009,29

(4):72-74.

[56] 白新华,张子敏,张玉贵,等.水力掏槽破煤落煤效率因素层次分析[J].水力
采煤与管道运输,2008(4):1-4.

[57] 袁亮,林柏泉,杨威.我国煤矿水力化技术瓦斯治理研究进展及发展方向
[J].煤炭科学技术,2015,43(1):45-49.

[58] 南桐矿务局、直属一井、重庆煤炭科学研究所《三结合》瓦斯试验小组.采用
水力冲孔预防煤和瓦斯突出[J].川煤科技,1972(1):26-34.

[59] 王凯,李波,魏建平,等.水力冲孔钻孔周围煤层透气性变化规律[J].采矿与
安全工程学报,2013,30(5):778-784.

[60] 王新新,石必明,穆朝民.水力冲孔煤层瓦斯分区排放的形成机理研究[J].
煤炭学报,2012,37(3):467-471.

[61] 刘明举,任培良,刘彦伟,等.水力冲孔防突措施的破煤理论分析[J].河南理
工大学学报(自然科学版),2009,28(2):142-145.

[62] 白国基,张纯如,蒋旭刚,等.水力冲孔消突效果及其主要影响因素分析[J].
河南理工大学学报(自然科学版),2010,29(4):440-443.

[63] 张保法,刘中一.“三软”高突煤层水力冲孔工艺优化[J].煤矿安全,2013,44
(7):141-143.

[64] 黄飞.水射流冲击瞬态动力特性及破岩机理研究[D].重庆:重庆大学,2015.

[65] 王瑞和,倪红坚.高压水射流破岩机理研究[J].石油大学学报(自然科学
版),2002,26(4):118-122.

[66] GARDNER F W.The erosion of steam turbine blades[J].The engineer,
1932(153):146-147.

[67] BOWDEN F P,BRUNTON J H.The deformation of solids by liquid im-
pact at supersonic speeds[J].Proceedings of the royal society.A:mathe-
matical,physical and engineering sciences,1961,263(1315):433-450.

[68] BRUNTON J H.High speed liquid impact[J].Philosophical transactions
of the royal society.A:mathematical,physical and engineering sciences,
1966,260(1110):79-85.

[69] HUANG Y C,HAMMITT F G.Mathematical modeling of normal impact be-
tween a liquid drop & an aluminum body[R].[S.l.:s.n.],1976.

[70] FIELD J E.Stress waves,deformation and fracture caused by liquid impact
[J].Philosophical transactions of the royal society.A:mathematical,physical

and engineering sciences,1966,260(1110):86-93.

[71] BOWDEN F P,FIELD J E.The brittle fracture of solids by liquid impact,by solid impact, and by shock [J]. Proceedings of the royal society. A: mathematical,physical and engineering sciences,1964,282(1390):331-352.

[72] ADLER W F.Waterdrop impact modeling[J].Wear,1995,186/187(Part 2): 341-351.

[73] DANIEL L M.Experimental studies water jet impact on rock and rocklike materials[R]//Proceeding of the 3rd International Symposium on Jet Cutting Technology.Chicago,USA:[s.n.],1976.

[74] 王育立,杨敏官,康灿,等.毛细喷孔超高速水射流的脉动及破碎[J].工程热物理学报,2012,33(2):244-247.

[75] 张仕进,陶辉.脆性材料在超高压磨料射流钻孔过程中的破损机理研究[J].湖南工业大学学报,2015,29(1):29-33.

[76] MA L,BAO R H,GUO Y M.Waterjet penetration simulation by hybrid code of SPH and FEA[J].International journal of impact engineering, 2008,35(9):1035-1042.

[77] 齐娟,穆朝民.水射流对煤体冲击的有限元与光滑粒子耦合法数值模拟[J].高压物理学报,2014,28(3):365-372.

[78] 黄飞,卢义玉,刘小川,等.高压水射流冲击作用下横观各向同性岩石破碎机制[J].岩石力学与工程学报,2014,33(7):1329-1335.

[79] 王瑞和.高压水射流破岩机理研究[M].东营:中国石油大学出版社,2010.

[80] 廖华林,李根生,易灿.水射流作用下岩石破碎理论研究进展[J].金属矿山,2005(7):1-5,66.

[81] 孙家骏.水射流切割技术[M].徐州:中国矿业大学出版社,1992.

[82] 沈春明.水射流割缝煤岩裂纹扩展与增透理论及在瓦斯抽采中的应用研究[D].徐州:中国矿业大学,2014.

[83] 卢义玉,黄飞,王景环,等.超高压水射流破岩过程中的应力波效应分析[J].中国矿业大学学报,2013,42(4):519-525.

[84] 李子丰.空化射流及其在钻井破岩中的应用前景[J].天然气工业,2006,26(8):86-89.

[85] CROW S C.A theory of hydraulic rock cutting[J].International journal of rock mechanics and mining sciences & geomechanics abstracts,1973,10

(6):567-584.

[86] 卢义玉,葛兆龙,李晓红,等.高压空化水射流破岩主要影响因素的研究[J].四川大学学报(工程科学版),2009,41(6):1-5.

[87] POWELL J H,SIMPSON S P.Theoretical study of the mechanical effects of water jets impinging on a semi-infinite elastic solid[J].International journal of rock mechanics and mining sciences & geomechanics abstracts,1969,6(4):353-364.

[88] 周红星,王亮,程远平,等.低透气性强突出煤层瓦斯抽采导流通道的构建及应用[J].煤炭学报,2012,37(9):1456-1460.

[89] 高亚斌.钻孔水射流冲击动力破煤岩增透机制及其应用研究[D].徐州:中国矿业大学,2016.

[90] 郑委,鲁晓兵,刘庆杰,等.基于双重逾渗模型的裂隙多孔介质连通性研究[J].岩石力学与工程学报,2011,30(6):1289-1296.

[91] 林柏泉,等.矿井瓦斯防治理论与技术[M].2版.徐州:中国矿业大学出版社,2010.

[92] 陈向军,刘军,王林,等.不同变质程度煤的孔径分布及其对吸附常数的影响[J].煤炭学报,2013,38(2):294-300.

[93] 卢义玉,贾亚杰,葛兆龙,等.割缝后煤层瓦斯的流-固耦合模型及应用[J].中国矿业大学学报,2014,43(1):23-29.

[94] LIN B Q,ZHANG J G,SHEN C M,et al.Technology and application of pressure relief and permeability increase by jointly drilling and slotting coal[J].International journal of mining science and technology,2012,22(4):545-551.

[95] 宋洪柱.中国煤炭资源分布特征与勘查开发前景研究[D].北京:中国地质大学(北京),2013.

[96] 杭雷鸣.我国能源消费结构问题研究[D].上海:上海交通大学,2007.

[97] 李子文,林柏泉,郝志勇,等.煤体孔径分布特征及其对瓦斯吸附的影响[J].中国矿业大学学报,2013,42(6):1047-1053.

[98] 秦勇.国外煤层气成因与储层物性研究进展与分析[J].地学前缘,2005,12(3):289-298.

[99] 陈萍,唐修义.低温氮吸附法与煤中微孔隙特征的研究[J].煤炭学报,2001,26(5):552-556.

[100] 刘胖.中高阶烟煤对甲烷的吸附/解吸特征研究[D].西安:西安科技大学,2010.

[101] 乔军伟.低阶煤孔隙特征与解吸规律研究[D].西安:西安科技大学,2009.

[102] 傅小康.中国西部低阶煤储层特征及其勘探潜力分析[D].北京:中国地质大学(北京),2006.

[103] 吴俊.煤微孔隙特征及其与油气运移储集关系的研究[J].中国科学(B辑化学生命科学地学),1993,23(1):77-84.

[104] 秦勇,徐志伟,张井.高煤级煤孔径结构的自然分类及其应用[J].煤炭学报,1995,20(3):266-271.

[105] 琚宜文,姜波,侯泉林,等.华北南部构造煤纳米级孔隙结构演化特征及作用机理[J].地质学报,2005,79(2):269-285.

[106] 孙丽娟.不同煤阶软硬煤的吸附-解吸规律及应用[D].北京:中国矿业大学(北京),2013.

[107] 俞启香.矿井瓦斯防治[M].徐州:中国矿业大学出版社,1992.

[108] 于洪观,范维唐,孙茂远,等.煤中甲烷等温吸附模型的研究[J].煤炭学报,2004,29(4):463-467.

[109] DUBININ M M.The potential theory of adsorption of gases and vapors for adsorbents with energetically nonuniform surfaces[J].Chemical reviews,1960,60(2):235-241.

[110] 苏现波,陈润,林晓英,等.吸附势理论在煤层气吸附/解吸中的应用[J].地质学报,2008,82(10):1382-1389.

[111] 钟玲文,张新民.煤的吸附能力与其煤化程度和煤岩组成间的关系[J].煤田地质与勘探,1990,18(4):29-36.

[112] 苏现波,张丽萍,林晓英.煤阶对煤的吸附能力的影响[J].天然气工业,2005,25(1):19-21.

[113] CAI Y D,LIU D M,PAN Z J,et al.Pore structure and its impact on CH_4 adsorption capacity and flow capability of bituminous and subbituminous coals from Northeast China[J].Fuel,2013,103:258-268.

[114] 刘厅,林柏泉,邹全乐,等.杨柳煤矿割缝预抽后煤体孔隙结构变化特征[J].天然气地球科学,2015,26(10):1999-2008.

[115] ZOU Q L,LIN B Q,LIU T,et al.Variation of methane adsorption property of coal after the treatment of hydraulic slotting and methane pre-

drainage:a case study[J].Journal of natural gas science and engineering, 2014,20:396-406.

[116] 李全贵.脉动载荷下煤体裂隙演化规律及其在瓦斯抽采中的应用研究 [D].徐州:中国矿业大学,2015.

[117] BROWNSTEIN K R,TARR C E.Importance of classical diffusion in NMR studies of water in biological cells[J].Physical review a,1979,19 (6):2446-2453.

[118] YAO Y B,LIU D M,CHE Y,et al.Petrophysical characterization of coals by low-field nuclear magnetic resonance (NMR)[J].Fuel,2010,89 (7):1371-1380.

[119] LI S,TANG D Z,PAN Z J,et al.Characterization of the stress sensitivity of pores for different rank coals by nuclear magnetic resonance[J].Fuel, 2013,111:746-754.

[120] LI S,TANG D Z,XU H,et al.Advanced characterization of physical properties of coals with different coal structures by nuclear magnetic resonance and X-ray computed tomography [J]. Computers & geosciences,2012,48:220-227.

[121] 孟召平,刘珊珊,王保玉,等.不同煤体结构煤的吸附性能及其孔隙结构特 征[J].煤炭学报,2015,40(8):1865-1870.

[122] 马飞,宋志辉.水射流动力特性及破土机理[J].北京科技大学学报,2006, 28(5):413-416.

[123] ALBERTSON M L,DAI Y B,JENSEN R A,et al.Diffusion of submerged jets[J].Transactions of the American Society of Civil Engi-neers,1950,115(1):639-664.

[124] 董志勇.冲击射流[M].北京:海洋出版社,1997.

[125] 沈忠厚.水射流理论与技术[M].东营:石油大学出版社,1998.

[126] 白义如,白世伟,靳钟铭,等.特厚煤层分层放顶煤相似材料模拟试验研究 [J].岩石力学与工程学报,2001(3):365-369.

[127] 李鸿昌.矿山压力的相似模拟试验[M].徐州:中国矿业大学出版社,1988.

[128] 左保成,陈从新,刘才华,等.相似材料试验研究[J].岩土力学,2004,25 (11):1805-1808.

[129] 王瑞和,沈忠厚,周卫东.高压水射流破岩钻孔的实验研究[J].石油钻采工

艺,1995,17(1):20-25.

[130] 卢义玉,冯欣艳,李晓红,等.高压空化水射流破碎岩石的试验分析[J].重庆大学学报(自然科学版),2006,29(5):88-91.

[131] 刘善军,魏嘉磊,黄建伟,等.岩石加载过程中红外辐射温度场演化的定量分析方法[J].岩石力学与工程学报,2015,34(增刊1):2968-2976.

[132] 吴立新,吴育华,刘善军,等.遥感-岩石力学(Ⅶ):岩石低速撞击的热红外遥感成像实验研究[J].岩石力学与工程学报,2004,23(9):1439-1445.

[133] 张艳博,刘善军.含孔岩石加载过程的热辐射温度场变化特征[J].岩土力学,2011,32(4):1013-1017,1024.

[134] 刘善军,吴立新,吴育华,等.受载岩石红外辐射的影响因素及机理分析[J].矿山测量,2003(3):67-68.

[135] KARACAN C Ö, RUIZ F A, COTÈ M, et al. Coal mine methane: a review of capture and utilization practices with benefits to mining safety and to greenhouse gas reduction [J]. International journal of coal geology,2011,86(2/3):121-156.

[136] PAN Z J,CONNELL L D.Modelling permeability for coal reservoirs: a review of analytical models and testing data[J].International journal of coal geology,2012,92:1-44.

[137] LAUBACH S E,MARRETT R A,OLSON J E,et al.Characteristics and origins of coal cleat: a review[J].International journal of coal geology,1998,35(1/2/3/4):175-207.

[138] ZHENG G Q,PAN Z J,CHEN Z W,et al.Laboratory study of gas permeability and cleat compressibility for CBM/ECBM in Chinese coals[J].Energy exploration & exploitation,2012,30(3):451-476.

[139] SEIDLE J P,JEANSONNE M W,ERICKSON D J.Application of matchstick geometry to stress dependent permeability in coals[C]// Proceedings of the SPE Rocky Mountain Regional Meeting,May 18-21, 1992,Casper,Wyoming.SPE,1992:433-444.

[140] GRAY I.Reservoir engineering in coal seams: part 1 — the physical process of gas storage and movement in coal seams[J].SPE reservoir engineering,1987,2(1):28-34.

[141] 唐巨鹏,潘一山,李成全,等.有效应力对煤层气解吸渗流影响试验研究

［J］.岩石力学与工程学报,2006,25(8):1563-1568.

［142］赵阳升.多孔介质多场耦合作用及其工程响应［M］.北京:科学出版社,2010.

［143］SHI J Q,DURUCAN S.Drawdown induced changes in permeability of coalbeds:a new interpretation of the reservoir response to primary recovery［J］.Transport in porous media,2004,56(1):1-16.

［144］CUI X J,BUSTIN R M.Volumetric strain associated with methane desorption and its impact on coalbed gas production from deep coal seams ［J］.AAPG bulletin,2005,89(9):1181-1202.

［145］PAN R K,CHENG Y P,YUAN L,et al.Effect of bedding structural diversity of coal on permeability evolution and gas disasters control with coal mining［J］.Natural hazards,2014,73(2):531-546.

［146］GU F,CHALATURNYK J.Analysis of coalbed methane production by reservoir and geomechanical coupling simulation［J］.The Journal of Canadian Petroleum Technology,2005,44(10):33-42.

［147］LIU J S,CHEN Z W,ELSWORTH D,et al.Linking gas-sorption induced changes in coal permeability to directional strains through a modulus reduction ratio［J］.International journal of coal geology,2010, 83(1):21-30.

［148］PAN Z J,CONNELL L D.Modelling of anisotropic coal swelling and its impact on permeability behaviour for primary and enhanced coalbed methane recovery ［J］. International journal of coal geology, 2011, 85(3/4):257-267.

［149］GAO Y B,LIN B Q,YANG W,et al.Drilling large diameter cross-measure boreholes to improve gas drainage in highly gassy soft coal seams［J］.Journal of natural gas science and engineering,2015,26:193-204.

［150］郝富昌,支光辉,孙丽娟.考虑流变特性的抽放钻孔应力分布和移动变形规律研究［J］.采矿与安全工程学报,2013,30(3):449-455.

［151］钱鸣高,石平五,许家林.矿山压力与岩层控制［M］.徐州:中国矿业大学出版社,2010.

［152］BRADY B H G,BROWN E T.Rock mechanics for underground mining ［M］.Berlin:Springer Netherlands,2006.

[153] 蒋承林,俞启香.煤与瓦斯突出的球壳失稳机理及防治技术[M].徐州:中国矿业大学出版社,1998.

[154] CONNELL L D,LU M,PAN Z J.An analytical coal permeability model for tri-axial strain and stress conditions[J].International journal of coal geology,2010,84(2):103-114.

[155] CHEN H D,CHENG Y P,ZHOU H X,et al.Damage and permeability development in coal during unloading[J].Rock mechanics and rock engineering,2013,46(6):1377-1390.

[156] 谢和平,高峰,周宏伟,等.煤与瓦斯共采中煤层增透率理论与模型研究[J].煤炭学报,2013,38(7):1101-1108.

[157] 邹洋,李夕兵,周子龙,等.开挖扰动下高应力岩体的能量演化与应力重分布规律研究[J].岩土工程学报,2012,34(9):1677-1684.

[158] 许江,鲜学福,杜云贵,等.含瓦斯煤的力学特性的实验分析[J].重庆大学学报,1993,16(5):42-47.

[159] 许江,叶桂兵,李波波,等.不同黏结剂配比条件下型煤力学及渗透特性试验研究[J].岩土力学,2015,36(1):104-110.

[160] 卢平,沈兆武,朱贵旺,等.含瓦斯煤的有效应力与力学变形破坏特性[J].中国科学技术大学学报,2001,31(6):686-693.

[161] 姚宇平,周世宁.含瓦斯煤的力学性质[J].中国矿业学院学报,1988(1):1-7.

[162] 李围.隧道及地下工程 FLAC 解析方法[M].北京:中国水利水电出版社,2009.

[163] LU T K,ZHAO Z J,HU H F.Improving the gate road development rate and reducing outburst occurrences using the waterjet technique in high gas content outburst-prone soft coal seam[J].International journal of rock mechanics and mining sciences,2011,48(8):1271-1282.

[164] 张建国.中国平煤神马集团煤矿瓦斯防治"十二五"规划[M].徐州:中国矿业大学出版社,2012.

[165] 胡菊,马君信,崔恒信,等.平顶山十二矿煤与瓦斯突出的地质因素分析[J].焦作工学院学报,1997(2):49-56.

[166] 楚敏,蔡春曦.平煤十二矿瓦斯地质特征分析[J].煤,2011,20(8):72-73.

[167] BANDIS S,LUMSDEN A C,BARTON N R.Experimental studies of

scale effects on the shear behaviour of rock joints[J]. International journal of rock mechanics and mining sciences & geomechanics abstracts,1981,18(1):1-21.

[168] GOODMAN R E. Methods of geological engineering in discontinuous rocks[J].International journal of rock mechanics and mining sciences & geomechanics abstracts,1976,13(10):115.